大跨度建筑以结构形态塑造建筑形象研究

代富红◎著

 中国纺织出版社有限公司

图书在版编目（CIP）数据

大跨度建筑以结构形态塑造建筑形象研究／代富红
著 . -- 北京 : 中国纺织出版社有限公司，2023.8
ISBN 978-7-5229-0793-2

Ⅰ. ①大… Ⅱ. ①代… Ⅲ. ①大跨度结构－建筑形式
－研究 Ⅳ. ①TU-0

中国国家版本馆 CIP 数据核字（2023）第 136265 号

责任编辑：华长印 李淑敏 责任校对：寇晨晨
责任印制：王艳丽

中国纺织出版社有限公司出版发行
地址：北京市朝阳区百子湾东里 A407 号楼 邮政编码：100124
销售电话：010—67004422 传真：010—87155801
http://www.c-textilep.com
中国纺织出版社天猫旗舰店
官方微博 http://weibo.com/2119887771
北京华联印刷有限公司印刷 各地新华书店经销
2023 年 8 月第 1 版第 1 次印刷
开本：710×1000 1/16 印张：13
字数：203 千字 定价：98.00 元

前言

　　大跨度建筑是公共建筑的主要空间形式，代表着现代建筑技术与艺术发展的最高水平，引领着时代建筑科学技术的发展。以真实内部结构形态去塑造建筑的外部形象，这是建筑创作的基本原则，也是所有建筑师和结构工程师们共同追求的目标。大跨度建筑空间形态的创新需要掌握一定的结构技术理念，并在实践中不断探索。所以，我们应该回归问题的本质，踏踏实实地把建筑与结构结合起来，特别是把建筑形象与结构形态有机地统一起来。我们必须及时掌握结构发展的最新动态，积极地探索结构形态表现的各种手法。无论从事结构表现的是结构工程师还是建筑师，都需实现自我的超越，使我们的作品和我们的设计思想真正达到完美的境界。

　　事实上，国际建筑学界对该问题的探讨从没有停止过。在建筑设计实践中，西方一些优秀的结构工程师和建筑师们，总能自觉地运用结构形态的表现方法来指导和帮助建筑设计并获得成功。如本书中提到的美国结构大师富勒与小沙里宁，意大利建筑工程师奈尔维，芬兰建筑师阿尔托，墨西哥著名工程师坎迪拉、德国著名工程师奥托以及他们的追随者，他们一直保持对该课题的研究和实践。尽管他们的建筑设计观点并非完全一致，美学意识也存在个性化差异，但对运用结构形态表现手段去塑造建筑形象的追求却是一致的。这为本书的研究提供了很好的案例基础。

　　本书第一章总述了结构形态研究的目的和意义；第二章介绍了结构形态与结构形态学的基本概念、结构力学概念性认识的方法、结构形态的美学特征、大跨度建筑的传统结构形式以及新型结构的特点、西方结构表现大师在结构形态学方面的研究基础、贡献以及作品特点；第三章介绍了大跨度建筑的特点、空间形态、结构形态与建筑形象统一的方法；第四章介绍了结构形态表现的五种手法：以结构力学逻辑为引导的表现手法、模仿自然界结构形态的表现手法、利用结构构件外露的表现手法、几何图形的表现手法、拓扑形的表现手法；第五章列举了部分国内外优秀大跨度建筑结构形态表现手法案例。

　　建筑的灵魂在于创新，建筑结构形态也不例外。结构形态设计的研究与探讨是长期、艰辛而又极具意义的。我们要不停探索新型的结构形式，研究更多可能的结构形态表现方法，以使结构形态表现更加多元。由于笔者的能力有限，本书内容如有欠缺或者不妥之处，敬请广大读者进行批评和指正。

代富红

2023年1月

目录

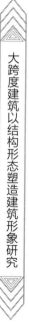

第1章

绪论

1.1　研究背景

随着我国社会经济的发展，每个城市的建设都开始向高质量、碳中和的方向迈进。与此同时，人们对城市中的公共建筑也提出了新的要求，不再满足于公共建筑给人们提供的基础使用功能，更多关注其外部形象给人们带来的视觉冲击等精神感受。在此背景下，城市公共建筑，尤其是大跨度建筑因投资大、占地广而成为社会关注的焦点，因而更有机会成为城市的地标性建筑，这在很多城市都得到证实。历届奥林匹克运动会、世界博览会，无一不成为国际建筑师们竞技的舞台，甚至每个国家都希望通过国家馆的建设，向世界展示自己的建筑技术及艺术审美。于是，无数优秀的建筑作品诞生并不断冲击着人们的视觉，人们无不为其展现出来的超高技术和艺术表现力而震撼。然而其中也不乏以牺牲经济合理性而盲目追求奇特表现效果的作品，它们不顾结构的理性逻辑，通过虚假的装饰来进行形象的塑造，造成人力、物力等资源的浪费，这不符合低碳环保的社会发展目标。在建筑设计，尤其是大跨度建筑的设计中，如何使建筑外部形象与内部功能和谐统一、如何摒弃虚假的装饰去塑造建筑的外部形象，是从古至今建筑师们共同追求的目标。

自20世纪60年代以来，在现代建筑，尤其是大跨度建筑的设计与创作中，怎样以结构形态构筑建筑形象，怎样使建筑的空间形态与结构形态完美统一，引起了国际建筑学界的关注。因研究这一课题而著名的美国结构大师巴克敏斯特·富勒（Richard Buckminster Fuller），以天才的想象力和执着的创作热情，展现给世人一个又一个优秀的结构形态创新作品，成为早期从事结构形态探索的最具影响力的人物之一。早在1927年，他便试制了球顶住宅，其最成功的是被称为"富勒球"的构成方式——独特的单层球形网壳，被用于1967年的蒙特利尔国际博览会的美国馆中。他甚至还设想将城市一部分覆盖在穹顶之下。此外，他对张拉结构的研究也具有开创性，在20世纪40年代末，他受到自然界中拉压力学现象的启发，提出了张拉整体体系的概念，后来又将其描述为"压杆的孤岛存在于拉杆的海洋中"❶，意在充分利用受拉杆件无失稳之忧、强度重量比大的特点，尽量减少压杆的数量，以营造更大跨度的结构。他还构筑了结构模型，不过由于材料和技术限制，这一概念始终停留在模型阶段，没有付诸实践。

意大利建筑工程师皮埃尔·路易吉·奈尔维（Pier Luigi Nervi）致力于用可塑性材料——混凝土去构筑既合理又美观的建筑结构。他认为"一个技术上完善的作品，有可能在艺术上效果甚差，但是，无论是古代还是现代，却没有一个美学观点上公认的杰作而在技术上却不是一个优秀的作品的。看来，良好的技术对于良好的建筑来说，虽不是充分的，但却是一个必要的条件。"❷奈尔维擅长于钢丝网混凝土材料的运用，他把结构形态与建筑形象统一思考，创造了无数经典作品。在进行结构形态设计的时候，他很少提出概念化的东西，而是更注重结构形态的设计实践。奈尔维用一个个建筑作品向世人证明，结构不仅是建筑创作的附属条件，也可以作为建筑形象塑造的主角。在他的作品罗马小体育馆的天花板设计中，他观察并运用传力线与应力线的逻辑，巧妙地设计了混凝土肋的形态，以受力最优为前提来进行建筑表现设计，他的思想推动了那个时期建筑技术和艺术的共同发展。

同一时期还有许多在混凝土结构表现上产生影响力的建筑师或结构工程师，如芬兰建筑师阿尔托（Aalto），他在设计芬兰工业大学演讲厅时，根据力学逻辑对内部的混凝土承重结构进行了形态的优化处理，在满足力学要求的同时，赋予结构美学特征，展现了本人对结构技术与建筑美学的双向驾驭能力。德国著名工程师尼古拉斯·奥古斯特·奥托（Nikolaus August Otto），早年致力于悬挂结构的研究，在他的著作《悬挂屋面》中，曾对以传统的帐篷结构为代表的张拉结构进行了全面的分析，对张拉结构用于大跨度屋面的构成做了专项研究。其代表作有：建于1967年的蒙特利尔国际博览会西德馆、建于1972年的慕尼黑体育场。之后，他又热衷于树状结构的研究。20世纪八九十年代，德国结构工程师约格·施莱希（Jorg Schlaich）在桥梁和大跨度建筑中巧妙地运用了张拉索膜结

❶ 刘锡良.一种新型空间结构——张拉整体体系 [J].土木工程学报,1995(8):25.
❷ P. L. 奈尔维.建筑的艺术与技术 [M].黄云升,译.北京:中国建筑工业出版社,1981:1.

构形态，如汉堡冰球场膜屋面、汉堡博物馆改建的网壳玻璃顶和斯图加特体育场加顶等。他认为结构技术人员不应该仅在技术上倾注全力，还应该抓住一切机会努力发挥其创造性，为建筑在艺术领域的发展作出贡献。美国建筑师埃罗·沙里宁（Eero Saarinen）在建筑表现与结构形态的结合方面堪称典范，他的作品华盛顿杜勒斯国际机场航站楼（图1-1），屋顶采用悬索结构，中间低两边高，构成了一个单曲屋面，屋顶的重量传递到两侧的柱子上。在常规力学平衡的处理中，通常底座的体量会笨重敦厚，但沙里宁进行了特殊处理，在两端设计外向倾斜的柱子，柱子的形态连续渐变，柱子的顶端与屋面穿插，反向悬吊住屋顶的悬索。

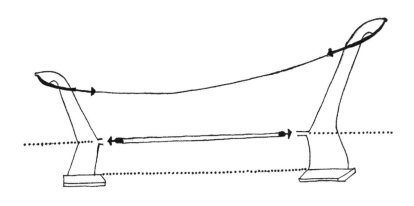

图1-1　华盛顿杜勒斯国际机场航站楼

从受力方面来看，屋顶的拉力与柱子的自重力正好反向相互平衡。这样的结构形态处理，将笨重的支座化为有机变化的形状，使整个建筑变得轻盈并具有动感，与飞机场的使用功能相呼应。其两端整齐排列的斜柱，犹如凝固的音符，充满节奏感。纽约的约翰·肯迪尼机场的环球航空公司候机楼（图1-2）也是沙里宁的

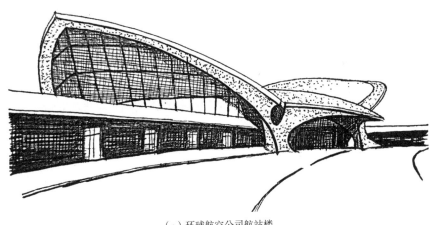

（a）环球航空公司航站楼

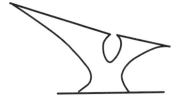

（b）环球航空公司航站楼Y型柱

图1-2　约翰·肯尼迪机场的环球航空公司候机楼及Y型柱

作品，整个建筑采用了现浇混凝土结构，内外形态有机变化，四根 Y 型柱支撑的壳体屋面犹如展翅欲飞的大鸟，将结构构件的美学价值发挥到了极致。❶

相对于上述结构形态设计作品来看，建筑师们对结构形态的研究由来已久，但把结构形态学明确地作为一门学科只是近几十年的事，从理论到实践还很不成熟，有待于进一步研究，其技术思路也有待于进一步明确。拓宽研究领域，将结构形态与建筑的创作实践相结合、与技术发展的必然趋势相结合，结构形态的研究和运用必然会取得更大成就。

1.2　研究对象

结构形态与建筑形象的统一，意在构筑一个和谐自然的建筑实体。评价建筑是否完美有着多方面的标准，结构形态与建筑形象的关系是否协调便是其中的一个重要方面。

从具体的建筑形式来看，大跨度建筑对空间尺度和形态有较高的要求，对结构技术的依赖性更强，而建筑空间的形式在很大程度上取决于它的构成单元和单元之间的组织法则，也就是它的结构。结构不是被动地支撑着形式，而是作为造型要素，直接影响着建筑整体质量的优劣，结构形态的确定对建筑空间形象有绝对性的影响。因此，本书重点探索大跨度建筑形象设计中怎样实现结构形态与建筑形象的统一，以及结构形态的表现手法。

1.3　研究目的和意义

大跨度空间结构多用于公共建筑，容易受到公众的关注而成为城市中重要的节点甚至地标，具有广阔的应用前景。大跨度建筑在城市中受到重视的程度要高

---

❶ 童乔慧,包亮玉,刘天卉,等.多元探索与结构创新——埃罗·沙里宁建筑思想及其设计作品分析 [J].建筑师,2020(3):77-84.

于普通建筑，它展示着一个城市的精神面貌、文化品味、技术经济，因而一直成为建筑师和结构师发挥和展示才华的领域以及重点关注的对象。近些年来，我国的大跨度公共建筑数量增加，尤其是2008年北京奥林匹克运动会、2010年上海世界博览会等国际性活动的举办，呈现出一系列新颖、独特的大跨度地标性建筑。通过观察不难发现，这些优秀建筑作品大多是由国外的知名建筑大师操刀，国内建筑师的作品数量不多、影响力不高。在我国快速发展的形势下，国内建筑师们如何抓住发展机遇，创造出更多优秀的建筑作品，在国际平台中拥有一席之地，是当前我们需要面对的问题。

现代大跨度建筑引领着时代建筑技术与艺术的发展，它们形象生动、宏伟、富有较高的艺术想象力。在所有的建筑中，大跨度建筑的结构形态对建筑形象的塑造更具决定性，因为相对于普通建筑来说，大跨度建筑的结构技术难度大，结构体量大，加之大跨度建筑大体量的结构形态是为了适应力学逻辑而生成，因而本身就能体现一定的力量美和骨架美。结构工程师和建筑工程师们，需要切实掌握建筑结构力学的基本规律和形式美法则，在处理二者关系时才能做到游刃有余。同时，应在设计构思时将结构形态和建筑形象一起推敲，让结构形态作为建筑形象的真实体现，实现自我的超越，达到完美的境界。

第2章
大跨度建筑的结构形态

2.1 结构形态的基本观点

2.1.1 结构形态与结构形态学

"形态学"（Morphology）一词源于生物学，它是研究生物形态特征的一门学科。20世纪，形态学的思想被引入建筑学领域，以西方富勒、奈尔维为代表的著名结构工程师，开始把建筑结构形态当成一个专门的课题进行研究，并设计出了许多成功的建筑作品。此后，建筑学界就掀起了以结构形态塑造建筑形象的热潮。1991年，国际壳体与空间结构协会（IASS）成立了"结构形态学"工作组（SMG），工作组首次提出了"Structural Morphology"一词，即"结构形态"，但并没有更深入的解析和概念界定。2008年，SMG 工作组成员莫特罗（Motro）出版《结构形态学文集》一书，书中介绍了工作组开展的系统工作。2014年中国工程院院士沈世钊经过多年的结构形态研究与实践，对结构形态学提出了明确的概念界定："结构形态学是研究'形'与'态'的相互关系，寻求二者的协调统一，目的在于实现一种以合理、自然、高效为目标的结构美学"。❶这里借用了"形"和"态"两个词，"形"是指结构形式，应包括结构体系几何形状和内部拓扑关系等内容；"态"是指结构性能，应包括结构的受力状态、适用性（即是否符合使用功能的要求）以及结构效率等内容。可以看出，这一定义为结构形态学界定了较为明确的、然而仍然比较宽广的研究内涵。结构形态学是一门综合性的学科，它涉及建筑结构、建筑材料、建筑物理、建筑力学、几何学、美学、仿生学、拓扑学等十几门学科的知识。

❶ 沈世钊,武岳. 结构形态学与现代空间结构 [J]. 建筑结构学报,2014,35(4) :1–10.

2.1.2 建筑结构力学的概念性认识

建筑结构设计是将建筑设计从愿望变成现实的技术手段。在建筑结构设计的系统理论中,结构力学是一门复杂而又专业的知识。对于建筑师而言,结构力学复杂的计算公式和眼花缭乱的力学分析图形足以使之望而却步,因而长期以来,他们认为结构设计是非常复杂且难以把控的。其实不然,面对复杂的建筑结构力学知识,建筑师们只需要概念性掌握即可,因为并不需要建筑师们去取代结构工程师们的工作,而是在了解建筑结构基本力学概念之后,在建筑形态设计过程中能够主动将建筑结构作为形象造型的手段去发挥创造。下面对建筑结构的力学规律做一个概念性的介绍。

1.结构力学的基本原理

结构力学是研究不同的建筑材料在不同形式的建筑结构中的受力规律及结构设计原理的一门学科。把握科学的力学设计方法,是实现建筑结构设计、支撑建筑设计落地的唯一途径。建筑结构上的外部作用效应有两种,一种是静荷载,包括屋面、梁、柱等结构自重的荷载,它们直接施加于结构之上,是恒定不变的,不会随着时间的变化而变化;另一种是动荷载,包括使用荷载、家具荷载、风荷载、雪荷载、地震荷载,它们并不恒定,随着时间的变化而改变。❶

结构力学中力的种类有拉力、压力、剪力、弯矩、扭矩五种。在荷载外力的作用下,结构构件因为自身的材料、结构型式、外部限定因素的不同而产生不同的内力,一种内力或者几种内力同时存在。现在对几种力的力学模型进行分析。简支梁(简支梁为静定结构,梁两边支座处可以发生自由转动变形),在楼板和使用荷载的均布作用下,梁有向下变形发生挠度的趋势,因而梁的截面上部受到挤压,下部受到张拉,中间有一个零点,不受拉压力,拉压力在截面上形成弯矩。简支梁在均布荷载的作用下弯矩图呈向下的抛物线,表示杆件中间截面受到的弯矩最大,两端受到的弯矩变小,到支座处为零,剪力为两端最大向中间的零点过渡。当简支梁受到的是集中荷载时,其弯矩图为以受力点为最大值的三角形,剪力图为相反方向的均匀的分布(图2-1)。对于建筑师而言,掌握弯

❶ 赵才其,赵玲.结构力学[M].南京:东南大学出版社,2011:357.

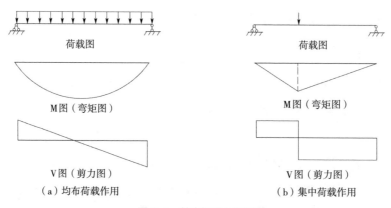

图 2-1　简支梁受力弯矩图

矩图的形状和变化，比懂得如何计算它更为重要。通过弯矩图的分析我们不难发现，对于等截面的简支梁而言，为了满足它的受力需要，截面大小和钢筋配比一定要以满足最大的弯矩来计算，这就会使简支梁小弯矩部分的截面材料得不到充分利用，因而对于结构形态设计而言就提供了一定的截面形态大小可变空间。❶

　　对于悬挑结构，在上方均布荷载的作用下，弯矩图形状为边缘向底部逐渐变大，也就是说，我们平常为方便制作而悬挑出去的等截面悬臂梁，其材料的使用效率也并未完全发挥，合理的结构形态应该是根部截面大而端部截面小（图 2-2）。

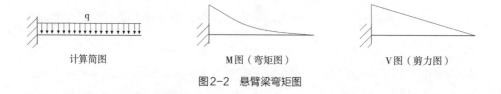

图 2-2　悬臂梁弯矩图

　　对于拱结构而言，在荷载的作用下，由于两端支座产生了水平的推力，水平推力抵消了外力产生的部分弯矩作用，从而减少了拱的弯矩峰值。相比相同条件的简支梁来说，它的弯矩峰值减少了，所以拱结构比简支梁能承受更大的外力（图 2-3）。因而古时候，在建筑技术不发达的情况下，人们能够非常聪明地利用

❶ 任述光,刘保华,魏刚.结构力学 [M].重庆:重庆大学出版社,2018:303.

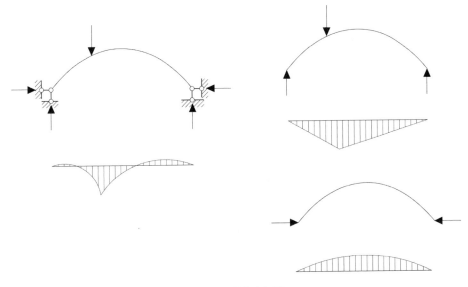

图2-3 拱的弯矩图

拱形结构来实现大跨度的空间需求。

对于索而言，因为是柔性结构，所以只能承受拉力，不能承受压力、剪力和弯矩，在不受力或受均布荷载的情况下，其形状分别为自由下垂的悬链线和抛物线。因为索是不能承受弯矩的柔性结构，所以当有弯矩产生时，它只能改变自身的形状与弯矩图形保持一致，设计师可以根据索的特点对它进行基于力学逻辑的造型推敲和设计。如果要使索成为刚性结构，可以给它预先施加预应力，这样它就变成了有刚度的结构，索穹顶、张拉整体结构就是这样形成的。

除了以上的基本力学模型之外，还有很多结构形式都有着基本的受力原理，建筑师掌握每种结构型式的基本力学规律，是进行结构形态设计的基础要求。

2. 结构形态设计需要掌握的力学基本规律

要创作结构形态与建筑形象相统一的建筑，就要求建筑设计师掌握结构力学的普遍性原理，因为建筑建造的过程中，如果先进行建筑造型设计，再去进行结构选型，就会导致结构只能成为建筑的附属而不能发挥其美学价值；如果先进行结构设计，再以既有的结构为限制去设计建筑造型，那就会使建筑造型难以达到最佳的效果。建筑结构形态设计一定是建筑形象设计与结构形态设计同时进行的，通过反复推敲，不断优化，最终找到两者完美结合的平衡点，一个成功的作品才会生成。因而对于建筑师而言，虽不需要掌握烦杂的建筑结构力学知识，但仍需熟练掌握最基本的结构力学原理。现将结构力学中一些基本概念总结如下：

（1）构件在不同类型的力作用下的受力特点。

如图2-4所示，结构构件在受不同的力时，其内部产生的应力是不同的，当截面受到轴向的拉力或者压力时，可以看到截面的应力分布是均匀的，应力图成矩形，也就是说截面的材料能够得到最大的发挥，根据最大的应力来设计的等截面构件才不会造成浪费。反过来，建筑师在设计结构形态的时候，最好的办法是通过结构形态的变化，把弯矩巧妙化解为轴向拉压力，才能实现以最少的材料提供最大的效能。如果结构构件是偏心受力的状态，那么其截面的应力图就不会是一个完整的矩形，也就是说在偏心力的状态下，材料并未完全发挥它的效能。在受弯的情况下，截面的应力图是一个对称的三角形，从应力图我们同样可以看到，材料的截面在两端性能发挥比较大，中间性能发挥比较小。三种力中，弯矩是对结构构件最不友好的一种，也是进行结构力学计算的主导因子。建筑师们把握结构构件在力作用下的弯矩图形状、基本特点和规律，有利于结构概念性设计的形态构思。

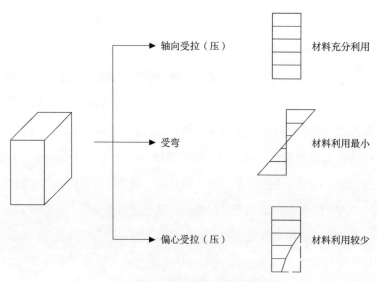

图2-4　材料在不同状态下的利用率比较
（图片来源：姚亚雄《建筑创作与结构形态》）

（2）构件在同一种力不同作用形式下的受力特点。

同样大小的力在构件上的作用形式不一样，构件内部材料产生的应力也不一样，一般而言，力距离支撑点越短，在计算弯矩的时候力臂就越短，弯矩就越小，所以对于结构设计而言，我们尽可能地把力靠近支座附近或尽可能把集中的力化解成为均布的力，这样就能够有效地减小弯矩给结构带来的负担，**❶**提高材料的使用效率，降低建设成本（图2-5）。

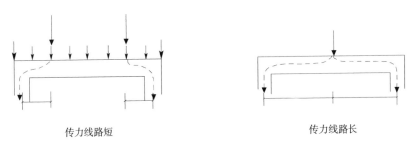

传力线路短　　　　　　　　　　　　　传力线路长

图2-5　结构的传力路线
（图片来源：姚亚雄《建筑创作与结构形态》）

3. 充分了解建筑材料的性能

建筑师在进行结构设计时，除了了解力学的基本知识，对材料性能的了解也是非常重要的，相同力作用在不同的材料上时，由于材料性能不一样，处理的方法也各不相同。了解不同材料的性能，并掌握不同材料的结构在力的作用下最佳的组合方式是建筑师进行结构形态设计时结构选型的重要前提。正如亨利·凡·德·威尔德（Henry van de Velde）指出的那样："……我们时代是有一些人创造了一些美的乐曲，之所以美，只不过因为这些东西是根据逻辑、根据理智……根据所用材料的准确、必需和自然法则而建造起来的。"根据不同的建筑需求选择适合的建筑材料，再根据不同的受力特点设计不同的结构形态，才能构建出受力合理、经济节约、形态自然的建筑作品，达到建筑结构设计师奈尔维所提倡的"真实的建造"。

建筑材料是形成结构的物质基础。木结构、砖石结构、钢结构以及钢筋混凝土结构因其材料特性的不同而具有不同的力学性能。例如，砖石结构抗压强度高但抗

---

❶ 任述光,刘保华,魏刚. 结构力学 [M]. 重庆:重庆大学出版社,2018:303.

弯、抗剪、抗拉强度低，而且脆性大，往往无警告阶段即破坏；钢筋混凝土结构有较大的抗弯、抗剪强度，而且延性优于砖石结构，但仍属脆性材料，而且自重大；钢结构抗拉强度高，自重轻，但需特别注意，当细长比大时，在轴向压力作用下的杆件容易失稳。因此，选用材料时应充分利用其长处，避免和克服其短处。例如，可以利用砖石或混凝土建造拱结构，利用高强钢索建造大跨度悬索结构等。

在进行材料选择的时候还应该考虑选择能充分发挥材料性能的结构。前面已经提到，建筑结构杆件轴心受压时比偏心受压或受弯状态更能充分发挥材料新性能。受弯构件以简支梁为例，在均匀分布荷载作用下，弯矩图是抛物线，跨中弯矩最大而支座弯矩为零。但为了使构件形状简单、便于施工，常按等截面梁设计并采用矩形截面，选择截面尺寸时只能以跨中处最大边缘应力作为最危险的部位来验算，可见梁的大部分材料应力远远低于许用应力。为节约材料可按弯矩图来设计梁的形状，即鱼腹式梁，此时，梁的各个截面中的边缘弯曲应力可以较接近，此外，为了把梁截面的中和轴附近的材料减少到最低，形成了工字形截面构件。再进一步把梁腹部的材料挖去而形成三角形孔洞，最后由梁转化为平面桁架。桁架比工字形截面梁更能发挥材料性能。而当桁架形状接近于抛物线时，即和简支梁的弯矩图形状接近时，材料可得到更大节约。

总之，了解材料特性，并在建筑设计中恰如其分地选用合适的材料，充分发挥材料的自然本性和力学性能，同时经济地使用材料，是建筑师的一项重要的素质，也是建筑师力学意识的基本组成部分。由于不同的材料具有不同的性能，因而不同的材料只能适用于不同的结构体系和形式。正如路易斯·康（Louis Kahn）把材料看成是一种"天赋"，属于自然法则，并强调说："任何一种材料都具有最适宜于它的结构形式""要忠实于材料，并知道它究竟怎样，那么你所创造的东西就会是美的"。对建筑师而言，只有对材料有了充分的了解和认识，并有一套经深思熟虑后形成的使用原则和方法，以及个人的勇气和才干，才使他们有可能在一片混沌之中脱颖而出。

2.1.3　结构形态的美学特征

　　不同的结构形式具有不同的空间表现力和各自独特的形态视觉魅力。例如，我国古代的木结构建筑，其大跨的空间、飞檐和斗拱，无不体现出灵空、轻巧之态（图2-6）；西方古希腊神庙林立的高大石柱造就了极具时代感的神秘空间（图2-7），古罗马教堂中的拱券（图2-8）和穹窿，让人感觉到人类的渺小以及教堂的神秘。

在大跨度建筑形态设计中，充分发挥材料自身携带的美学天赋，通过建筑师独特的表现手法，仅靠建筑结构形态设计和表现就能生成一个自然、和谐、有机的建筑。结构形态具备以下几种形式美要素。

图2-6　中国古建筑的飞檐、斗拱

图2-7　雅典赫菲斯托神庙赫夫斯托斯神殿

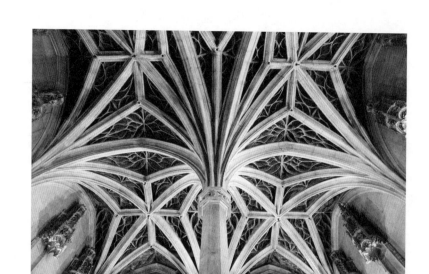

图2-8　哥特式建筑的拱券结构

1. 结构的均衡与稳定

均衡和稳定是形式美的基本法则之一。大自然中的每一种形态，都是长时间历经自然的洗礼而形成的，它们的结构形态均衡稳定、自然有机。人们在和自然相处的过程中，受到大自然物质结构形态的影响，对均衡和稳定的审美也形成了固定的倾向。从内在本质上看，自然界中物质均衡稳定形态背后的逻辑便是对万有引力的对抗，为了克服万有引力的作用在地球上生存下来，它们需要不断优化自己的结构形态以达到最节能的状态，因而人们从自然中学习的均衡和稳定的审美观实质上便是对最佳力学状态的崇拜。同样，建筑是人工设计并修筑的形态，我们也需遵循自然界均衡和稳定的原理，方能达到力学体系的平衡，符合人们的审美习惯。均衡和稳定在建筑结构形态设计中体现在能够充分考虑到结构受力的自我平衡，通过正确的设计方法，巧妙利用结构构件本身或建筑功能的刚需部分去实现自我的平衡，从而降低了寻求受力的平衡而额外增加的抗平衡构件的成本。奈尔维说："稳定性是最带技术性的，最基本的结构性质。"当然，在自然界中，大多形态都是遵循着上小下大、对称敦厚的均衡形式存在的，这在过去的建筑设计中也是普遍使用的法则。但在科学技术发展的今天，随着新型材料的出现，很多新的结构形式也应运而生，同时也给均衡和稳定的表现形式提供了更多的可发挥空间。建筑师们发现，更多新的力学平衡的形态处理手法，可以突破传统的上小下大、敦厚的均衡稳定的审美习惯，凌空轻盈、奇妙惊险、飘然失重的同时给人以动态的均衡和稳定感。

图2-9是布鲁塞尔国际博览会比利时馆的箭形吊桥，吊桥的主要受力构件为一悬臂的剑形钢筋混凝土拱壳，吊桥悬挂在拱壳上，为了抵消吊桥往下的倾覆力，在拱壳的底部需要敦实的底座提供反向的抗倾覆力，但如果这样设计的话，必然会造成设计成本的增加。设计师并没有这样做，他巧妙地将吊桥所需要的功能房间布置在底座处，用自身所必需的功能结构去平衡自身所产生的倾覆力，通过力学均衡与稳定的设计，不仅大大降低了建筑的成本，还使建筑形象设计取得了创新，同时也给人以均衡稳定的视觉美。❶

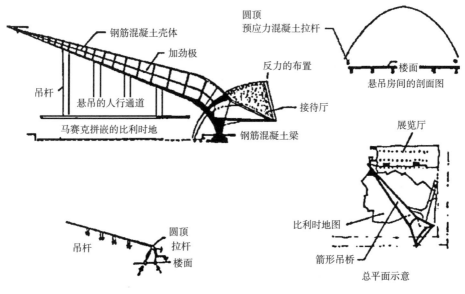

图2-9 布鲁塞尔国际博览会比利时馆箭形吊桥
（图片来源：王心田《建筑结构体系与选型》）

2. 结构的韵律与节奏

建筑的韵律和节奏感并不需要通过虚假的装饰去呈现，如果将各种结构构件按照一定的规律排列组合，便能获得韵律和节奏感。结构构件是根据力学逻辑而设

❶ 王心田. 建筑结构体系与选型 [M]. 上海：同济大学出版社,2003:45.

计的，为了使其受力合理、便于施工，结构构件本身必然会以最简单的几何形式出现，而简单的几何形体自身就具有极简之美。古希腊神庙重复排列的柱子、中国古建筑斗拱中按一定规律榫卯搭接的构件，无不展现一种结构的韵律与节奏感。

从受力分析上看，为了受力最优、施工便捷，建筑构件在可能的情况下保持统一的构件规格是有利的，从某种意义上来说，这本身就为韵律与节奏感的塑造提供了基础。

图2-10是华盛顿地铁的拱形屋顶。该屋顶为钢筋混凝土网状筒结构，由横向拱肋与纵向直肋交错组合成正交网格，这样的形式既是力学逻辑的真实展现，又使地铁内部空间极富韵律与节奏感。该实例说明建筑师只要掌握了结构构件本身的形式美特征，以力学逻辑为主导，再加上自身的美学修养，就能轻松实现以结构形态去塑造建筑形象中韵律和节奏美的目标。

图2-10 华盛顿地铁的拱形屋顶

3. 结构的连续性与渐变性

从力的传递原理来看，建筑结构的一个最大特征就是力量需要从上到下通过基础传递给地基，因而对结构构件的基本要求就是要从上到下保持连续性和渐变性。例如，对于建筑而言，我们要求楼板的荷载传递给梁，梁的荷载传递给柱，柱的荷载传递给基础，这时，我们要求柱子是从上到下连续贯通的，但因为柱子上方受力小，下方受力大，因而要求柱子从上到下逐渐扩大尺寸，这样才符合受力规律。如同一棵大树，树干需要从上到下连续且渐变。因此可以说连续与渐变也是符合力学规律的结构构件自带的美学特征。当然这是最基本的原理，建筑师可以站在更高的层面对结构形态进行连续与渐变的升级和发挥，充分利用几何学构图原理、拓扑学原理，在遵循力学逻辑的基础上，进行更高级别的连续与渐变的形式美设计。如美国耶鲁大学冰球馆、东京代代木体育中心等，建筑师便是充分利用了延续和渐变的手法，将结构形态处理得充满动感、速度与激情，使其在拥有整体感的同时，彰显结构形态的力量美。

4. 结构的比例与尺度

自然界中的形态总是遵循着最佳的比例和尺度，这同样从根本上影响着人们的审美。因而比例和尺度并非是人为主观赋予的评价标准，而是受自然法则影响形成的视觉审美习惯。这些比例和尺度的形成终究也是和结构的受力性能分不开的。因为，大自然中的生物总会为了继续生存而不断优化自己的形态，以最适合的比例和尺度留存于世，所以追求建筑结构的比例与尺度也是符合自然规律的选择。

对于大跨度建筑来说，由于使用功能的需要，它难以遵循常规建筑的尺度，但是这又正好为大跨度建筑提供了优势，使其在空间中更加显眼，也更能让人们注意到结构超强的表现力。但巨大的尺度也需要遵循基本的比例关系才会取得美的效果，这一点对任何建筑都是一样的。在结构形态设计中，科学合理地把握结构形态的比例和尺度，是取得成功的必要条件。

2.2 传统的大跨度建筑结构形式及特征

追溯历史可知，建筑和结构的发展是相互制约并相互促进的。在此过程中，人们不停地探索并尝试建造更大跨度、更大空间的建筑，以提供足够的室内活动空间。古埃及时期，由于材料和技术的限制，人们只能通过原始的石材来建造建筑。从古埃及的神庙可以看到高耸的一排排柱子和上方的石梁，由于石梁的跨度有限，导致柱子之间的间距较小，从而形成了神秘的空间效果。但通过分析不难看出，这种效果并非有意为之，而是在当时的技术条件限制之下，古埃及人无法建造更大跨度的梁。聪明的古罗马人发明了混凝土，于是产生了拱券，拉开了大跨度建筑发展的序幕。到了中世纪，在拱券结构的基础上，开始发展成拜占庭式、哥特式的拱顶。结构形式和风格越来越多样，跨度也越来越大。

古罗马万神庙是最早出现的大跨度建筑。它的穹顶直径为43.43米，并且在今后的1800年间，无人打破这个跨度记录（图2-11）。聪明的古罗马人在建造穹顶时，为了能够实现更大的跨度，采用改变壁厚的大小来实现力量的平衡，最下部的厚度最大，约为6.1米，最上面的壁厚最小，这就使整个穹顶的重心尽可能接近下端敦厚的支座处，以此使穹顶自重的传递路线最短。另外，穹顶的肋拱采用藻井式，这种结构让壳体的力量传递更加均匀。然而，由于技术的限制，这个穹顶每平方米重达9吨，而用现代技术来实现的相同跨度的穹顶，重量只有200

图2-11　万神庙穹顶

千克，壁厚也只有几厘米。

19世纪后半期，随着钢结构和钢筋混凝土技术的发展，建筑结构开始发生巨大变革。到了20世纪，许多新型材料的出现，更加推动着大跨度建筑结构型式向多元化方向发展，它们的空间形态更加丰富和新颖。大跨度建筑结构有钢架结构、桁架结构、拱式结构、壳体结构、悬索结构、薄膜结构等。本节重点讨论后面4种结构形式的结构形态特点以及在大跨度建筑中的运用实例。这4种传统的结构形式在结构上具有不同的受力特点，在建筑上具有不同的造型特色并各自都有着不同的发展历程。从历时性的角度来看，悬索结构和薄膜结构出现的时间最早，古时候人们利用植物的藤索建造的桥便是悬索结构的原型，而原始部落使用的帐篷是薄膜结构的原型。然而，尽管这两种结构出现的时间较早，但是其在建筑上的应用发展却是很缓慢的，悬索结构在20世纪才开始作为一种独立的结构体系，而张拉薄膜的发展也是近几十年的事情。壳体结构的发展可以追溯到古希腊穹窿结构，大多数观点认为万神庙是早期最成功的壳体结构。网架结构和充气结构的发展主要集中在20世纪。从时间节点上可以看出，大跨度空间结构形式的发展是随着现代建筑技术的发展产生的。

2.2.1 薄壁空间结构发展

壳体是指由两个曲面限定的曲面结构，两曲面间的距离，即壳体的厚度远小于其他部分的尺寸。壳体是薄壁曲面结构，通常由混凝土与钢架组合而成，它具有非常良好的承载性能，能以较小的厚度承载相对较大的荷载。壳相比板受力性能的优越性类似于拱相比于梁的情况，要求自重轻而又要具有足够强度和刚度的大跨度结构，常采用壳体型式。因此，在土建工程、船舶工程、机械工程、化学工程、核工程以及航空与宇宙工程等各个领域中，壳体都得到了广泛的应用。

相比简支梁主要承受弯矩的受力情况来说，在相同的荷载作用下，壳体结构的特点是可将弯矩转化成内部的轴向力，这样就大大降低了弯矩的峰值，提高了结构的承受能力。壳体结构一般作为建筑的屋顶使用较多。按形状通常有圆球顶、抛物线球顶、椭圆球顶、双曲抛物面顶和各种几何组合形曲顶。由于壳体是三维空间结构，强度和刚度比较高，厚度也比较薄，建设成本相对低，特别是其上凸的屋顶，能为使用者提供更高的使用空间，因而成为大跨度建筑常用的结构形式。

壳体结构用于建筑的时间较早，最初人们仿效洞穴穹顶建造了许多砖石圆顶，这些圆顶的厚度较大，加之当时人们对球壳体结构的受力性能掌握不足，建成后不少圆顶都开裂，直到多叉拱结构的发明，裂缝才稳定。此经验教训使人们在不了解壳体受力状况之前，不敢轻易继续冒险尝试。直到工程界开始研究、分析、试验，已是19世纪初期了。

20世纪初，由于壳体结构力学计算过程繁琐，其发展仍然较慢。第二次世界大战后，因各国工业需要，故钢筋混凝土壳体发展迅速，并开始采用装配式壳体和预应力壳体结构。20世纪中叶，随着钢筋混凝土建筑技术的推进，壳体结构迎来快速的发展期，其跨度不断增加，厚度不断变薄，且形态也丰富多样。在这个时期，出现了一些热衷于大跨度壳体结构创新运用的建筑师和结构工程师，为推动空间壳体结构的发展作出了巨大的贡献。

如著名的意大利工程师P. L.奈尔维设计的罗马小体育宫（图2-12），该体育宫为钢筋混凝土网状扁球壳结构，球壳直径为59.13米，葵花瓣式的网肋把力传到斜柱顶，再由明显顺着壳底边缘线方向的斜柱把推力传入基础。从建筑外形上看，Y型支撑构件承上启下，波浪起伏，结构清晰、明朗、欢快、优美、极富有表现力；从建筑内部看，结构构件的布置协调而又有韵律，形成了一个绚丽的艺术图案，极富装饰性。该结构采用装配式叠合的形式。预制钢丝网水泥菱形构件既作为现浇壳身的模板，又与壳身现浇层共同工作。

曲面的切割与组合，是设计新颖曲面结构的重要手段。虽然壳体结构的基本几何曲面体形状不多，但是实际工程中通过对基本曲面体的切割与组合却可以生成丰富多样的建筑造型。在进行切割与组合时，除了满足造型要求外，还要充分考虑到施工的便捷，这样才不至于为了实现外部形象而付出额外的经济代价。如墨西哥霍奇米洛餐厅，是墨西哥著名工程师坎迪拉1957年建于墨西哥首都附近花田市游览中心的一栋著名建筑，该建筑由4个双曲抛物面薄壳交叉组成，整个建筑犹如一朵覆地的莲花，构思独特，造型别致，丰富了游览环境，成为该地区的标志（图2-13）。又如艾洛依修斯教堂（图2-14），其屋顶也由双曲抛物面组合而成，这两个建筑的屋顶虽然看上去曲面形状复杂，但施工时却都可以利用直线构件生成，极大地节约了施工成本。

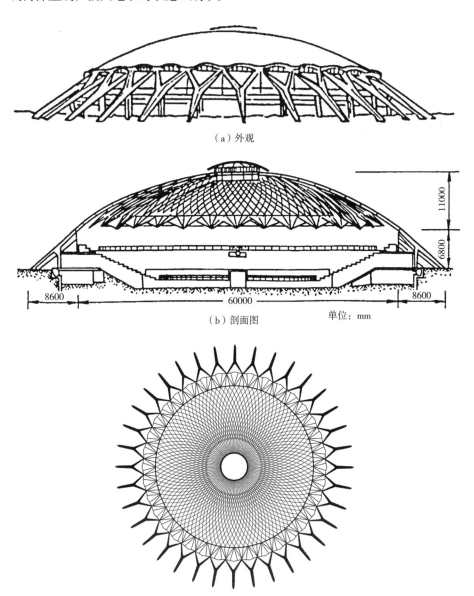

（a）外观

（b）剖面图

单位：mm

（c）俯视图

图2-12　罗马小体育宫

（图片来源：根据王心田《建筑结构体系与选型》图片改绘）

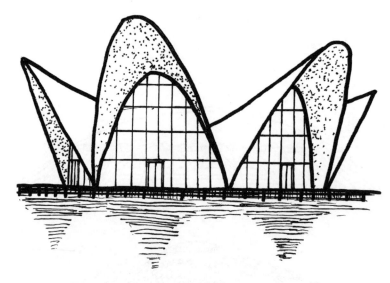

图2-13　墨西哥霍奇米洛餐厅

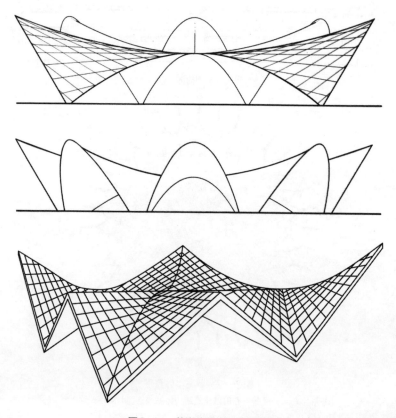

图2-14　艾洛依修斯教堂屋顶

2.2.2 悬索结构的演化

悬索的概念自古就有，早期多用于桥梁。我国最早使用竹、藤等材料做成跨越河流山谷的悬索桥，如四川都江堰的安澜桥，它由竹、藤编织而成（图2-15）。自公元465年开始，我国就能建造铁链桥，如四川的泸定桥等。钢铁工业的发展为近代悬索结构的产生提供了物质条件，20世纪初开始出现大跨度悬索桥，50年代，房屋悬索结构也开始取得较大进展。近四十多年来，在美国、日本、俄罗斯等国家和欧洲地区悬索结构已被广泛运用于体育场、博览馆、会堂、商场、飞机库等大中型公共建筑和工业建筑中，建造了不少有代表性的悬挂屋盖结构。我国现代房屋悬索结构的起步也不晚，20世纪50年代末便开始了理论与实验研究，并在60年代相继建成了北京工人体育馆和浙江人民体育馆。60年代后期到70年代，国外悬索结构得到迅速发展，我国直到20世纪80年代以后才开始进入较好的发展状态，到90年代初期，我国已建成悬索结构工程26项，结构形式也丰富多彩。

悬索结构由网索部分和支撑部分构成，索网属于柔性结构，不能承受弯矩，一般在荷载的作用下会产生变形，直到弯矩为零。如果需要索网具备刚度，就必须预先施加预应力。悬索结构分为单层悬索体系、预应力双层悬索体系、预应力

图2-15 四川都江堰的安澜桥

鞍形索网、劲性悬索、预应力横向加劲单层索系和预应力索拱体系、组合悬索结构等。❶悬索结构体重轻、跨度大，比钢结构节约材料，施工方便，工期短，具有方便便捷的特点。悬索结构适用于各种建筑平面和外形轮廓，利用曲线索，采用不同的支撑形式，可方便地创造出各种新颖独特的建筑造型，是建筑师们乐于采用的一种结构形式。

悬索结构使用的早期，其造型都比较简单，大多数是作为单一结构功能而存在，缺乏美学上的思考。到了20世纪50年代，开始有建筑师对此结构产生兴趣并积极探索其结构形态的美学潜力。例如，美国耶鲁大学冰球馆（图2-16），它

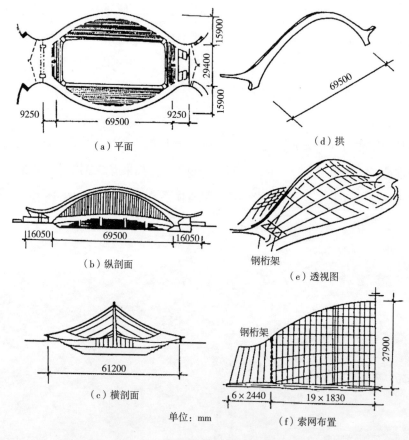

图2-16　美国耶鲁大学冰球馆及结构
（图片来源：王心田《建筑结构体系与选型》）

❶ 王心田.建筑结构体系与选型 [M].上海:同济大学出版社,2003:155.

于1958年由美国建筑师埃罗·沙里宁设计，主体结构使用了悬索结构。该结构利用中间垂直布置的钢筋混凝土落地拱作为承重索的中间支座，索的另一端锚固在建筑周边的墙上。承重索直径24毫米，间隔1.83米，每边38根。稳定索分布在屋脊两侧，每侧9根，锚固在拱角附近的四周水平状的钢桁架及弧形外墙上。结构形态似展翅鲲鹏，又像努力爬行的海龟，这个以悬索结构形态塑造的建筑形象展现出了一种速度感，充分激活了悬索结构形态美。

日本代代木国立综合体育馆是日本建筑师丹下健三在1961年设计的作品（图2-17），悬挂在两个塔柱上的两条中央悬索和分列在两侧的两片鞍形索网是屋盖结构的两个组成部分。主悬索的拉力通过边跨斜拉索传至基础，锚于巨大的地下锚块。两端锚块之间设置两根通长的拉杆，以最后平衡巨大的水平力。高耸的塔柱、下垂的主悬索和流畅的两片鞍形曲面组成了建筑屋顶的空间界面，呈现丰富多变的空间效果。

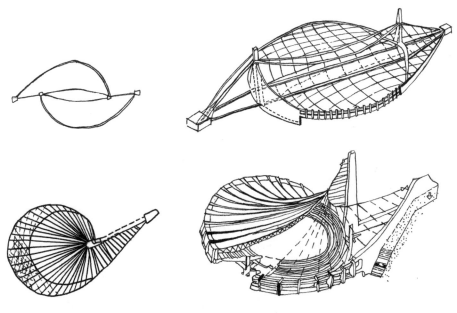

（a）结构图
（图片来源：王心田《建筑结构体系与选型》）

图2-17

（b）侧面结构

（c）屋顶结构

图2-17　日本代代木国立综合体育馆

2.2.3　使用广泛的网架结构

网架结构是一种在当代大跨度建筑空间中使用最为广泛的结构形式。这种结构由较多短杆按照一定的规律组合而成，短杆主要受轴力，是一种理想的受力模式，其因材料性能能够得到充分的发挥从而降低施工成本，而得到广泛运用。网架结构分为平面网架和曲面网架两种。平面网架均为双层网架结构，其形式有交叉桁架体系、角锥体系。交叉桁架体系由上下弦相互平行的平面桁架交叉组合而成，组合方式通常为正交正放、正交斜放、斜交斜放和三向交叉。相互平行的上下弦之间由共面的腹杆链接，腹杆与上下层位于同一个平面内，使横向支撑强度和整体刚度得以加强。角锥体系网架由角锥单元组合而成，通常有三角锥、四角锥、六角锥等类型。相比于交叉桁架体系而言，角锥桁架体系的受力性能更好，刚度更大，制作和施工更简便。网架的支撑方式一般有周边承重柱支撑、四点支撑、多点支撑和三边支撑，周边支撑一般无悬挑部分，三点支撑和四点支撑可以有悬挑部分。三边支撑有一边是悬空的，支撑方式的选择主要取决于建筑功能形式的需求。曲面网架也叫网壳结构，有单层网壳和双层网壳。按照形状又分为筒网壳、球网壳、扭网壳和综合形网壳。由于单层网壳的稳定性不好，因此主要使用在一些小型建筑中，大跨度建筑结构一般使用的是双层网壳。网壳结构稳定性较好、刚度大、可以利用直线杆件来建构丰富的曲面，还可以通过曲面组合的方法来设计出很多丰富的外观造型。❶

从发展历程来看，网架的概念首先是由德国施维德勒提出并实践的。1863年，他设计了一个钢网壳煤气罐，这就是所谓的"施维德勒穹窿"。20世纪60年代开始，由于钢结构材料及计算机技术的发展，网架结构凭着超静定结构的稳定性能成为大跨度建筑最受欢迎的结构之一。1951年，美国结构工程师富勒（B.Fuller）利用三角形的金属杆件设计了短线穹窿，为金属穹窿结构和网架结构的发展做出了巨大贡献，他于1967年设计了加拿大蒙特利尔世界博览会的美国馆（图2-18），直径67米，高61米。自此后，网壳结构纷纷出现在建筑师们的作品中。

❶ 陈卓. 钢屋盖设计中的桁架和网架设计要点 [J]. 中国建筑金属结构, 2021(4) : 60-61.

图2-18　加拿大蒙特利尔世界博览会的美国馆

2.2.4　薄膜结构的运用与发展

薄膜结构是最近发展起来的张拉结构体系。它以性能优良的柔软织物为材料，可以向膜内充气，使空气压力支撑膜面，也可以利用柔软形的拉索结构或刚性的支撑结构将薄膜绷紧或撑起，从而形成具有一定刚度、能够覆盖大跨度空间的结构体系。薄膜既承受膜面内的张力，作为结构的一部分；又可防雨挡风，起维护作用；同时还可采光，以节约室内照明的能源。膜材本身的刚度几乎为零，但通过不同的支撑体系可使薄膜承受张力而形成具有一定刚度的稳定曲面。薄膜结构的建筑造型是结合结构构造的布局自然产生的，力的平衡状态直接被表现在结构的形状上，这就使薄膜结构成为一种建筑与结构有机结合的新型大跨度结构形式。

薄膜结构主要分为充气薄膜结构、悬挂薄膜结构、骨架支撑薄膜结构等。充气薄膜结构是向薄膜内部充气形成气囊，使其具备一定的承重能力，因此称为充气薄膜结构。此种结构按照受力的方式可以分为3种：气承式、气肋式和气垫式。❶气承式是向薄膜内部不停充气，利用内外空气的压差，使薄膜能够撑起并形成建筑的使用空间。整个建筑可以完全由薄膜构成，也可以利用薄膜作为屋顶，建筑主体采用其他的结构形式；气肋式充气薄膜是设计薄膜骨架，并在骨架管道中充满气体使其撑起来作为承力骨架，然后在外部覆盖薄膜；气垫式充气薄膜是向薄膜内部充满气体，使其膨胀后能够具有一定的强度和刚度，一般来说这种结构主要用于屋顶。此外，薄膜结构还可以和其他材料配合使用，形成复合型薄膜结构，例如，以钢结构、钢索结构作为骨架，外部覆盖薄膜等的结构。薄膜的材料主要有尼龙、氟化乙烯树脂、维尼龙织成的玻璃纤维布、PVC纤维布等。❷20世纪40年代，美国建造了第一批充气薄膜结构，自此后，充气薄膜结构开始发展起来。充气薄膜结构轻巧、简洁，施工迅速，特别适合突发情况下需要快速建造的建筑。在常规的大跨度建筑中，如果能很好地把握薄膜结构的特点并勇于创新，可以塑造出丰富多样的建筑形态。建于1959年的波士顿艺术中心剧场是一个直径为44米的圆盘形充气屋盖，中心高6米，双层屋面用拉链联起来，固定于支承在柱子上的受压钢环上。整个屋面倾斜，以使底部凸面有利于增强音响效果（图2-19）。

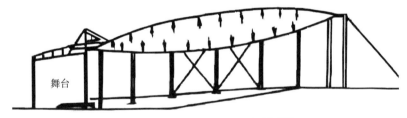

图2-19　波士顿艺术中心剧场剖面图
（图片来源：王心田《建筑结构体系与选型》）

悬挂薄膜结构是从帐篷结构得到启示发展而来的。它采用桅杆、拱拉索等支撑构件将薄膜张挂起来，利用柔性索向膜面施加张力将膜绷紧，形成稳定的薄膜屋盖结构。它造型新颖，适合中小跨度的建筑物。沙特阿拉伯首都利雅得法赫德国王国际体育场的轻型遮阳屋盖是世界上最大的悬挂薄膜结构之一（图2-20）。

❶ 郑晓明.膜材建筑的应用与发展[J].建筑技术开发，2008，35（12）：3-5，17.
❷ 蓝天，郭璐.膜结构在大跨度建筑中的应用[J].建筑结构，1992（6）：37-42.

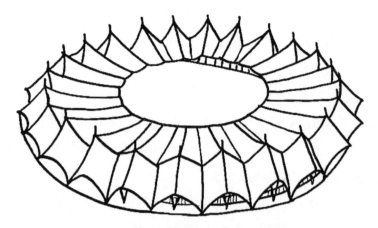

图2-20 沙特阿拉伯法赫德国王国际体育场悬挂薄膜

体育场场地平面呈椭圆形，最大尺寸188.7米×128米，面积近19000平方米。24根帐篷主桅杆布置在外围直径为246米的圆周上。覆盖于屋盖的薄膜材料为玻璃纤维织物加聚四氯乙烯涂层，是半透明的，结构本身就形成了美好的建筑外形，获得了很多称赞。

骨架支撑薄膜结构又叫张拉膜结构，它是以钢材或刚性材料作为支撑骨架，给薄膜材料施加预应力使其产生刚度，具备荷载承载能力的结构形式。薄膜属于柔性材料，在自然状态下是不具备刚度的，只有将其绷紧后才能受力。所以薄膜只能承受拉力，不能承受压力，否则就会失稳。张拉膜结构轻巧，用料少，安装和拆卸速度快，薄膜本身具有透明、采光的特性，在世界各地使用较多。张拉膜结构的使用受到的限制比较少，适用于不同平面形状，特别适用于临时性建筑或短期使用的建筑，例如，博览会、运动会等临时性活动场馆建筑。

张拉膜结构的起源可以追溯到古时候人们使用的帐篷。20世纪50年代，人们通过模型实验进行设计，出现了一些跨度较小的张拉膜结构体系建筑。后随着建筑材料的发展、建筑技术的进步，以及人们生活水平的提高对大跨度建筑提出的新的使用要求，人们开始意识到古老帐篷的结构体系蕴含着巨大的可开发空间，并开始研究和实践，不断推动着张拉膜结构的创新和发展。20世纪90年代是张拉膜结构体系发展的快速时期，建筑师和结构工程师们利用先进的计算机辅助设计技术，设计出了一批具有创新创意、结构合理、经济实惠、功能完善的建筑作品。

英国的千年穹顶是世界上规模较大的知名薄膜建筑（图2-21），位于伦敦东部泰晤士河畔的格林威治半岛上，是英国政府为迎接21世纪而建造的标志性建筑。穹顶直径为320米，周圈大于1000米，有12根穿出屋面高达100米的桅杆，屋盖采用圆球形的张拉膜结构。膜面支在72根幅射状的钢索上，这些钢索则通过间距25米的斜拉吊索与系索为桅杆提供支撑，吊索与系索同时对桅杆起稳定

图2-21 英国的千年穹顶及结构

作用。❶另外，还设有四圈索桁架将钢索联成网状。千年穹顶产生于全世界范围为迎接新世纪到来的庆典中，尽管在建造过程中也受到了不少质疑，但最终的结构还是显示了美好的形象。近年来，我国膜结构也有了积极的发展，上海体育场成为第一个膜结构的范例。我国已经出现了专门研究膜结构的企业，而且有一批优秀的建筑已经落成，如长沙世界之窗五洲大剧院、青岛市体育中心、秦皇岛奥林匹克体育中心体育馆、烟台体育场、国家游泳中心等一系列新型膜结构建筑物，为现代都市增加了一道道优美的风景。但是，有许多问题依然存在，大部分工程中所用的膜材料是进口的，安装也是外国公司来完成，价格昂贵。膜结构这一富有潜力的大跨度新型结构体系在我国还需要长足的发展。

2.3 新型结构的显著特点

随着时代的发展，人们不但对建筑的使用空间提出了更大面积的要求，而且对视觉效果也有更高的期望。因此，随着各种新型屋面材料的出现，涌现出了许多新型的大跨度建筑结构体系和形式。目前，国际上大跨度空间结构除传统的结构形式外尚有树状结构、杂交结构、张拉整体结构、攀达结构、开合结构等。

2.3.1 树状结构

树状结构是受到自然界中的树木结构的启示而发明的一种结构型式，由建筑师奥托于20世纪60年代提出。尽管它是自然界中一种极其普遍的结构形态，但真正意义上的树状结构长期以来却难以在建筑领域得到运用。这除了建筑的侧向稳定要求要比树木更严格外，还与人们对树状结构的意义未能引起重视有关。与树枝的结构组织关系一样，树状结构采用的是主干与支杆分级交叉组合而成的三维空间结构。树状结构的技术相对复杂，通常要利用分形几何学来辅助设计。❷

❶ 汪霞,李跃文.千年穹顶——穹顶的过去·现在·未来[J].华中建筑,2002(4):41-44.
❷ 张媛媛.基于分形理论的空间树状结构形态创构研究[D].哈尔滨:哈尔滨工业大学,2015:35.

奥拓设计的斯图加特机场候机楼的承重结构采用树状结构，一共有12根"树"，树枝三级分叉，最下面的主干由4根柱子组成束柱，三级树枝分支较远，以解决屋顶均匀传力的问题（图2-22）。从表现手法来看，建筑师借用结构形态和现代技术表达了建筑和人的亲近感。英国剑桥中央拉姆齐清真寺使用木材制作树状柱子，这些柱子连接在一起形成了支撑屋顶的八角形天篷（图2-23）。其他案例还有孟买贾特拉帕蒂·希瓦吉国际机场树形柱子（图2-24）、新加坡滨海湾花园未来树等（图2-25）。

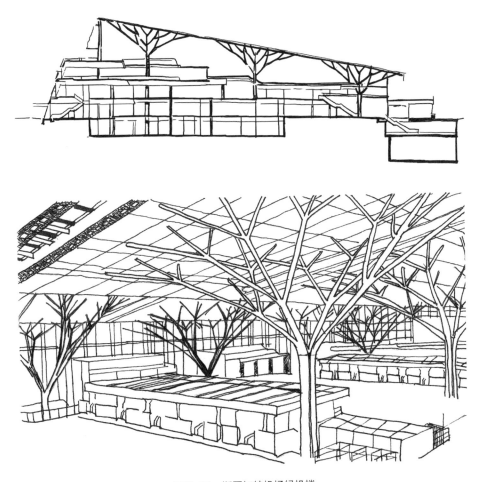

图2-22　斯图加特机场候机楼

图2-23 英国剑桥中央拉姆齐清真寺树形结构

图2-24 孟买贾特拉帕蒂希瓦吉国际机场树形柱子

图2-25　新加坡滨海湾花园未来树

　　目前，我国也开始出现一些树状结构的建筑，例如，深圳市文化中心（图2-26）。文化中心建筑主体部分包括音乐厅、图书馆和室外大平台3个部分，长312米、宽89.7米、高40米，地上地下总面积8.6万平方米。建筑师在公共文化广场上设计了4棵"黄金树"，作为音乐厅和中心图书馆入口的标志。"黄金树"采用主干、分枝、末枝的层级结构，与树木分支层级的关系不太相同，进行了艺术化的处理。"黄金树"采用钢材制作而成，其枝干与玻璃顶的桁架结构共同构成了支撑屋顶重量的空间桁架承重体系。"黄金树"结构难度较大，不仅在中国属于首例，在世界上也属罕见，获得了钢结构工程"金钢奖"。❶深圳春茧体育中心的柱子也采用了树形结构（图2-27）。

❶ 林昭涣.深圳市文化中心设计研究 [D].深圳:深圳大学,2019:34.

（a）外部图

（b）内部层顶图

图2-26　深圳市文化中心

图2-27　深圳春茧体育中心

2.3.2　杂交结构

建筑结构形式不仅影响建筑的安全性和经济性，更影响建筑空间艺术的可行性和合理性。因此，结构形式的选择要考虑到建筑的使用功能、材料供应、经济指标等各方面的因素。对于大跨度建筑而言，更应注意建筑造型与内部功能结构的协调统一，注重结构力学逻辑与建筑空间艺术的完美统一。一些大型公共建筑，尤其是一些标志性的建筑，其外观造型和文化内涵更为人们所重视，因而对内在的结构特性和结构造型提出更高的、甚至苛刻的要求。这时，杂交结构因为可以综合各种结构优势而受到建筑师的青睐，成为具有广阔发展前景的结构形式。

杂交结构是由刚架、桁架、拱、网架、网壳、悬索、薄膜等结构中的两种及以上结构单元组合而成的一种新型结构，适应建筑上的独特造型或结构上的经济合理的要求。杂交结构的建筑造型活泼明快、易于变化，可以适应多种边界条件。其巨型骨架结构的独特造型，直接赋予建筑物气势磅礴、挺拔健美或新颖典雅的艺术形象，给人以稳健强劲、又蓬勃向上的艺术感染力，容易给人留下深刻的印象，因而常为建筑师们采用。

1. 刚性结构杂交

建筑技术的发展过程，总是遵循着从简单到复杂、从单一到复合的原则。每一种单一结构形式发展到一定的水平，为了满足人们对使用功能的需求，都会寻求创新和发展。于是建筑师们开始寻求结构形式之间的交叉融合，使优势互补。例如，梁在弯矩的作用下强度比较低，在增加跨度的过程中，为了防止梁开裂，尝试着在梁的下部增加杆件，于是由梁发展成为桁架，由纯弯受力优化为拉压受力。❶中国自20世纪70年代开始便研究和创新两种及两种以上不同结构体系杂交在一起的问题。刚性结构杂交是指两种及两种以上不同的刚性结构杂交在一起，例如，江西省体育馆就是拱和网架的杂交结构，其平面呈八边形，东西长84.3米，南北宽74.6米（图2-28）。通过在大拱上悬吊一空间桁架作为网架的支座，把一个较大跨度的网架分成了两个较小跨度的网架。网架一边通过钢桁架悬挂在

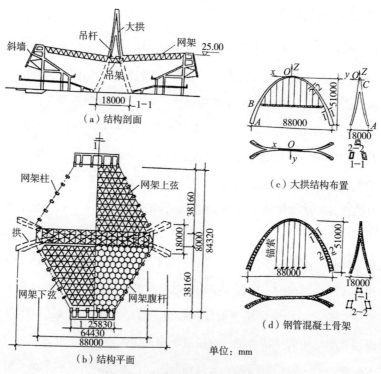

（a）结构剖面
（c）大拱结构布置
（b）结构平面
（d）钢管混凝土骨架
单位：mm

图2-28　江西省体育馆及其杂交结构
（图片来源：王心田《建筑结构体系与选型》）

❶ 严慧.“杂交”结构体系的应用和发展 [J]. 工业建筑,1994(6):10–16,30.

大拱上，其余3个边则支撑在体育馆周边的看台框架柱上，形成了"拱—网架"组合受力的大跨度空间结构。高大的抛物线拱矢高为51米，跨度为88米，正立面呈抛物线形，侧立面呈人字形，给人一种庄重、稳定和蓬勃向上的感觉。这是将两种刚性结构组合的成功案例。

2. 钢柔结合

刚性材料和柔性材料组合的建筑也比较多见。由于拉索形态比较自由，使用限制条件不多，对建筑形态和功能的适应性较强，所以具备和不同的刚性构件杂交组合的条件。常见的有斜拉结构、预应力结构和悬索结构。

（1）斜拉结构。

利用刚性构件作为受力的主体，将拉索悬挂在上方的结构叫作斜拉结构。刚性受力构件可以是混凝土构件、钢构件、拱构件、桁架等，由于悬挂式结构弯矩较大，所以受力构件基本上不会呈水平的状态，一般为倾斜放置，这样就能够缩短力臂、降低弯矩，有利于力的平衡。常见的斜拉索桥梁，基本上用的就是这样的结构。

（2）预应力结构。

索可以成为为结构施加预应力的中间媒介。工程中为了克服刚性构件承力能力不足的问题，提高其刚度和强度，可以将刚性构件和索组合，通过给索施加拉力，从而使索反向给刚性构件预先施加压力。这部分压力在刚性构件受到外部荷载的作用下，能够抵消掉一部分外力，从而提高构件的承受能力，这样的结构叫作预应力结构。上海国际购物中心采用了预应力组合网架，网架的下弦利用钢索张拉施加预应力，使得结构在使用过程中大大降低了内部应力，内力减少28.3%，最大挠度减少34.6%，造价减少17%。索刚预应力结构可以实现用最低的成本激发材料最大的性能的目的，是建筑技术发展史上的一个重大突破和创新。

（3）悬索结构。

柔性拉索和刚性构件组合在一起可以有3种方式：第一种是以刚性结构为主体，拉索为附属的结构形式；第二种是以拉索为主体，刚性构件为附属的结构形式；第三种是拉索和刚构件不分主次，相互支撑，相互并列的结构形式。善于根

据建筑功能和结构特点，合理选择和设计索与刚性结构的组合方式，可以设计出丰富多彩的空间悬索结构。如前面提到的美国耶鲁大学冰球馆，便是采用钢筋混凝土拱与交叉索网的杂交结构体系。该建筑除中央一个60.4米×25.9米的溜冰场外，还包括了3000个座位的观众席和进出口台阶。垂直布置的钢筋混凝土落地拱作为承重索的中间支座，拱中间高度为53.4米，截面为915米×1530米，截面的高和宽都是向着支座基础逐渐增加的。承重索的另一边锚固在建筑周边的墙上，外墙沿着溜冰场的两边，形成两堵相对的曲线墙，犹如一个竖向悬臂构件，承受悬索的拉力。承重索直径24毫米，间隔1.83米，每边38根。稳定索分布在屋脊的两侧，每侧9根，锚固在拱脚附近的水平状的桁架及弧形外墙上。

3. 柔柔结合

柔性材料与柔性材料也可以进行组合，例如，在日本东京代代木体育馆中，中间部分采用主索，边缘的索网一边挂在主索上，一边挂在周边的构件上，构成一个自由下垂的、整个曲面水平投影面积达120米×214米的大型悬索结构。慕尼黑奥运会体育馆的主体结构也是由索网和拉索组合而成的，整个覆盖面积有7.7万平方米，下方覆盖了多个使用功能部分，如体育场、看台、游泳池等。这些都属于柔性结构和柔性结构共同杂交组合而成的结构体系。

4. 索膜结合

由索和膜组合而成的结构叫作索膜结构，是充分利用索和膜的柔性材料特点形成的一种特殊结构体系。索膜结构经济、轻巧，能够适用于不同的地形条件和平面形态，也能够实现大跨度的轻松跨越。通过给索施加预应力，可以提高结构的受力性能。一般来说，跨度越大，其经济性就越明显，这也是索膜结构区别于其他结构的主要优势。

2.3.3 张拉整体结构

近些年来，张拉整体结构得到国内建筑学界的重视并迅速发展起来，这种结构能够适应更大的跨度，具有结构轻巧、投资少的优点。通常在张拉结构体系的表面覆盖膜材，膜材的形状由张拉结构的造型来决定，优美的结构造型加上膜材本身光滑轻巧的特点，使这种建筑结构具有轻盈活泼的形象，因而也受到国际社会的关注，以成为空间结构领域的热门研究课题。

张拉整体结构是以一系列不连续的压杆位于一组连续的拉索之间，索是柔性结构，自身不能成型，由压杆按照一定的规律把拉索支撑起来，拉索就能塑造成一个有形的刚性结构，具备承重能力。在结构中，拉索承受拉力，杆件承受压力，这正好符合材料各自的受力特点。

张拉整体结构的概念是由富勒首次提出来的，富勒提出"将一系列不连续的拉杆位于一系列连续的拉杆之中"的张拉结构模型，他一生致力于追求以最少的材料去实现最大的可能，使材料的性能发挥到极致。他认为宇宙是符合最低能耗原则的，宇宙中的星球就像一个个不连续的压杆，而万有引力就是连续的拉杆，它们之间相互支撑，相互吸引，构建了一个有序的宇宙空间，建筑也应该遵循这样的原则。他设计了一个三角形网格穹顶，并取名为张拉整体穹顶。20世纪80年代，膜材料的出现推动了张拉整体结构的发展，建筑膜材开始与张拉整体结构结合使用。在富勒研究成果的基础之上，美国建筑师盖格尔（D.H.Geiger）对张拉整体结构进行了创新，他认为，富勒的三角网格体系不是最节能的，于是改进并发明了索穹顶。此结构同样由一系列不连续的压杆和连续的拉索构成，拉索沿着穹顶的中心辐射式分布构成肋，压杆在两拉索的中间提供支撑，以膜作为表皮材料覆盖在外部。荷载由中心通过一系列的拉力环、脊索传递，结构的造价较低，且其造价增长随着跨度的增加而边际递减。1988年，盖格尔将这种结构运用于韩国汉城奥运会中心的建设。

1996年，美国工程师列维（M.P.Levy）进一步将这个结构进行改进，发明了联方形拉索网格，使屋面的膜为菱形的双曲抛物线单元。他认为盖格尔设计的索穹顶平面刚度不足，有失稳的缺点，于是改进为联方形，取消了谷索，成为刚度更为强大的空间结构。屋顶的平面形式为椭圆形，更具有实用性。列维用这个结构成功设计了亚特兰大奥运会体育馆佐治亚穹顶（图2-29）。自此后，列维设计了大量张拉整体结构建筑作品，如德国科隆体育馆、美国旧金山体育馆、荷兰赫伦文溜冰场等。

从以上实例可看出，张拉整体结构外貌新颖明快，内景敞亮动人，在提供建筑结构功能的同时，又能赋予建筑一定的艺术效果，具有较好的发展前景。

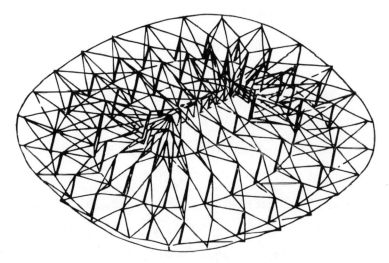

图2-29　亚特兰大奥运会体育馆佐治亚穹顶张拉索结构

（图片来源：王心田《建筑结构体系与选型》）

2.3.4　攀达结构

攀达穹顶不是一种施工方法，而是一种合理地选择施工方法的结构体系。

近几十年来，大跨度建筑中网壳结构得到大量的使用，但网壳屋顶尤其是球形网壳屋顶的施工却是一个难题。一般的施工方法如高空组装，难度大、辅助施工成本较高，顶升的方法也只适用于平面网架。为此，日本法政大学川口卫教授发明了攀达穹顶体系，较好地解决了网壳屋顶施工的问题。在我国，这种结构体系也在使用。

攀达穹顶是专门为方便穹顶施工而设计的一种结构体系，其在穹顶特定的区域设置临时性铰线。在施工的时候，穹顶可以在接近地面处进行安装，安装好之后，通过铰线的一维转动功能进行转动提升到适合的位置。这种结构安装和提升均方便快捷，不仅降低了施工的难度，还大大缩短施工工期。攀达结构体系建筑有国外建筑师三宗司郎设计的日本神户世界纪念厅和大阪的浪速穹顶、丹下健三设计的新加坡国立体育馆、矶崎新设计的西班牙巴塞罗那奥运会主馆和日本的奈良大会堂、冈崎甚幸设计的日本福井的太阳穹顶，这6个建筑的攀达结构设计均

由川口卫操刀完成。❶

图2-30为巴塞罗纳奥运会主馆（圣乔治宫体育馆）建筑的整个施工提升过程。先把穹顶的顶部结构用塔式起重机吊起来，再安装周围的屋顶，待安

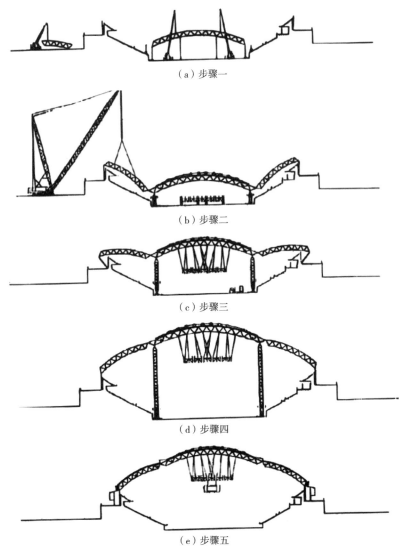

（a）步骤一

（b）步骤二

（c）步骤三

（d）步骤四

（e）步骤五

图2-30　圣乔治宫体育馆施工过程示意图
（图片来源：王心田《建筑结构体系与选型》）

❶ 王小盾.创新性建筑源于勤奋思考和实践创作——记川口卫及其设计事务所[J].城市建筑，2004(2)：74-76.

装完毕，顺着铰线部分提升，两个链接部分顺着绞线向上提升并转动，待提升到预定的位置，主体结构就完成了。整个提升过程比较迅速，据说，当时临近圣诞节，为此巴塞罗那市长要求推迟工期，以作为一个特别的礼物送给市民，让市民亲眼见证一天之内建筑拔地而起的神奇。图2-31是浪速穹顶顶升过程。三宗司郎以大阪湾为原型的设计中标，其建筑形式为一个椭圆形的蛋，平面尺寸为126.8米×10.8米，建筑面积约3.76万平方米，屋顶高度达42.65米。此建筑整个屋顶提升的过程只用了8小时28分钟，当时在日本引起了轰动，多家媒体同时对提升过程进行直播报道，很多人早上出门上班时看到建筑还在地上，下午下班时主体建筑就已经提升就位。

图2-31　浪速穹顶升顶过程

　　人们容易把攀达穹顶误认为是一种穹顶施工的方法，实际上通过上面提升过程的叙述不难理解，仅一个施工方法难以囊括其所有的技术。为了能够提升施工技术，首先得从结构设计上面着手，将结构进行分解，合理设计铰线的位置，才能实现先安装再提升的施工。攀达穹顶结构建筑造价低、施工时间短、建筑形象好，适用于不同跨度。目前，这种技术已经由刘锡良教授引入中国，并且在国内开始发展起来。

2.3.5 开合结构

开合结构与可展开、可折叠结构是现今结构形态领域研究的热点。

开合结构应属可活动结构，其准确定义应该是，结构具有活动机制，且这种活动能够人为控制。从"开合"的含义来看，它针对的应该是面系结构，但用杆系结构构成的可展开式结构也可起到开合作用。从本质上讲，建筑中的门就是最典型的开合结构，因此，并不算新事物。但是，如果着眼于对整体建筑的影响，则要靠现代技术才能解决。从结构本身看，开合结构算不上一种特殊类型，但由于机械和控制装置的加入，使其在有特殊功能要求的建筑上得以运用。开合结构最早用于天文台的半球形观象厅，在大型体育建筑中的运用则集中在20世纪70年代以后。目前，开合结构的研究与运用主要在两个方面：可开合屋面与可折叠结构。❶

1. 可开合屋面

近年来，随着国家经济实力的增强和人民生活水平的提高，人们对大跨度建筑提出了新的要求，一种可开合的屋顶成为了新的需求热点。可开合屋盖的产生意在建筑场馆的使用不受天气的限制，晴空万里时可以保持空气流通、阳光洒满场地；下雨时可以安心使用，不受天气影响，集室内场馆与室外场馆的优势于一体。

开合结构很早以前就有了。在古罗马竞技场的废墟中，人们可以发现开合屋盖结构的痕迹。在游牧部落中使用的帐篷也有开合屋顶的出现，它们由布、树杆、短桩和绳索组合而成，需要的时候只需几分钟就可以人工搭建起来，不需要或者搬迁的时候，也可迅速收起。尽管它们尺寸不大，开启方式比较原始，但被认为是开合结构的原型。

1954年，德国的奥托领导的一个结构研究小组，创新性和开创性地研究和发明了开合膜结构，并利用这种新型的技术设计了许多建筑物。1965年欧洲的建筑师罗杰·塔利伯特（R.Taillibert）与德国斯图加特大学IL共同研究了薄膜结构屋盖的开合标准，并根据这个标准建成多个游泳馆等中小型的开合式屋盖结

---

❶ 王心田.建筑结构体系与选型[M].上海:同济大学出版社,2003:214.

构。1976年加拿大蒙特利尔奥林匹克运动场使用了这种结构，它是使用柔性膜材料并以折叠方式开合的规模最大的建筑。在20世纪70年代以前，大多数开合结构都采用这种膜折叠的开合结构方式，但在使用中出现故障导致不能正常使用的频率较高，因而进一步的发展受到制约。1961年，在美国匹兹堡市民体育场中使用的现代牵引技术驱动刚性开合结构，至今仍然具有一定的开拓意义。自20世纪八九十年代以来，采用拱壳或拱形钢结构作为主要受力结构的开合屋盖结构发展迅速，材料多为膜材料、金属板以及其他轻质材料。其开合屋顶部分由多个单元片构成，通过单元片的转动和移动来实现开合功能。这种结构成功运用在了加拿大多伦多新体育中心开合式穹顶体育场、日本宫崎喜凯亚海洋穹顶、福冈雅虎日本巨蛋体育馆、日本小松穹顶等建筑上。

日本2002年世界杯足球赛的大分县体育场，其屋顶就是开合结构，建筑面积9万平方米，高度为57.46米，这座体育场代表了当时开合屋盖建筑的较高水平（图2-32）。体育场下部看台为钢筋混凝土框架结构，顶部为可开合式钢结构屋顶。体育馆主体为球面体，根据几何原理，这种形式的移动屋顶系统，无论屋顶开启或关闭，都具有整体感。可移动屋顶分为东、西两部分，各由25台行走台车支撑，可动屋顶沿着东西方向7根拱架的导轨行走使球体移动。启动方向为横向，由启动机械式的卷扬机拉动卷动缆绳，屋顶开启与关闭时间大约为20分钟。在全开状态时，下部的制动器支承屋顶荷载；在全关闭状态下，由于东、西屋顶相连，缆绳张力较低，为了提高屋顶全关闭时室内的照度，可动屋顶采用了透光率25%的膜结构。

开合屋盖体系根据其开合方式可分为水平移动式、水平旋转式、空间移动式、绕枢轴转动式、组合式、折叠式。

到目前为止，世界上面积超过1万平方米的大型开合屋盖结构已超过10座。这些都是建筑与结构有机结合的优秀例子，可以说是"建筑中有结构，结构中有建筑"。开合结构的建成产生了非常好的社会经济效果，其市场越来越好。总的来讲，开合屋盖建筑技术的发展还处于起步阶段，仅日本对现代开合屋盖结构提出了设计施工指南。在我国，开合屋盖还处于初步研究阶段，2008年北京奥运会主体育场——中国国家体育场的"鸟巢"方案，原本计划采用开合结构，开

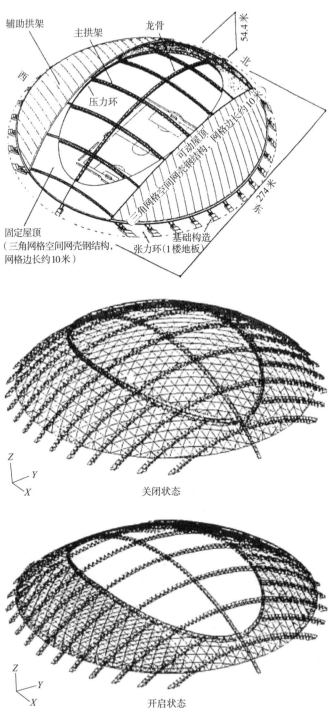

辅助拱架　主拱架　龙骨

西

北

压力环

可动屋顶

可动屋顶（空间网壳钢结构，网格边长约10米）

三角网格空间网壳钢结构

东

54.4米

274米

固定屋顶
（三角网格空间网壳钢结构，
网格边长约10米）

张力环（1楼地板）

基础构造

Z
Y
X

关闭状态

Z
Y
X

开启状态

图2-32　日本大分县体育场开合屋顶

（图片来源：王心田《建筑结构体系与选型》）

合部分为140米×70米，可容纳10万名观众，但从经济角度考虑，最终取消了开合屋顶。目前国内也有一些开合屋顶的建筑场馆，如南通体育会展中心，上海旗忠网球中心，黄龙体育中心的网球馆，清远奥林匹克中心的体育馆、游泳馆等。

2. 可展开与可折叠结构

可展开与可折叠结构是建立在几何形态学研究基础上的、具有可变机制的结构。这类结构中，折叠伞是人们日常生活中最为熟悉的。可展开与可折叠结构目前在航天和通讯领域已发挥了重要作用，如折叠式的太阳能电池板和卫星天线等。民用建筑领域仅限于小型临时性结构，如遮阳伞、小型游泳池的加顶等。能用于大型公共建筑的可展开穹顶结构目前处于初步的研究阶段（图2-33）。

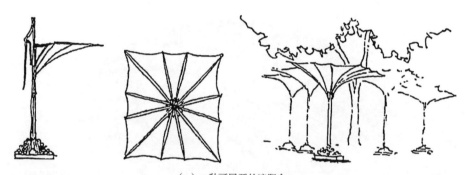

（a）一种可展开的遮阳伞

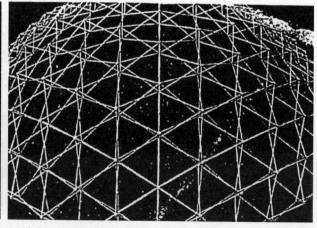

（b）一种可展开的穹顶结构

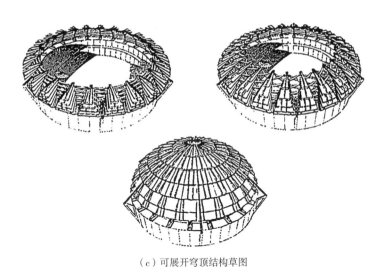

（c）可展开穹顶结构草图

图2-33 可展开与可折叠结构

（图片来源：姚亚雄《建筑创作与结构形态》）

2.3.6 可持续发展的结构

从20世纪的发展趋势来看，强调生态、节能与环境保护将会是所有建筑的共同主题。大跨度建筑作为建筑的重要类型之一，其结构更应围绕这一主题进行一场新的技术革命。通过结构材料的改进、结构形态的创新、结构理论的提高和结构技术的完善，以适应新时代的要求。在维护各层次生态环境的同时，以可靠的技术手段造福于人类。

西方的高技派建筑师一贯喜欢追求以高科技来引领绿色、低碳建筑的发展，这一点值得我们学习。富勒、富斯特及他们的继承者们，一直致力于追求低碳、节能、环保的绿色建筑，"少费而多用""高技生态建筑"是他们建筑设计的中心准则，这无疑也是所有未来建筑师们共同需要达到的建筑创作境界。

在一些特殊领域，可持续发展的结构形态显得尤其重要，温室就是一个很好的例子。在维护局部生态环境中，需要营造一个与外界隔绝的人工环境。温室是小范围内改变环境条件的传统方式。一些大面积的生态景观需要与外界隔离，人为加以保护，这就依赖于大跨度空间结构。这种结构形态的选择并不只是简单地以将植物罩起来为目的，还要考虑自然地形的起伏变化、植物高低种类的分布，还要尽量减小屋面结构杆件密度，以利光照。此外，如果在整体形态和细部设计上能富有美感则更好。

由尼古拉斯·格雷姆肖事务所（Nicholas Grimshaw & Partners）设计的伊甸园方案就是想建立一个既具有足够大的室内空间，又能提供足够的自然生长条件，如阳光、空气和水等的例子（图2-34）。以此为大量濒危植物提供相应的保护和生长条件，同时也可为人们提供最广泛的植物来源。该方案建于英国西南部的圣奥斯特尔。该地山峦起伏、沟壑纵横。设计占地15万平方米，这将是世界上最大的单体温室，首尾长度近1千米，跨度从15米到20米不等，内部空间最高60米，以保证热带雨林区域内高大乔木的充分生长。为了满足通常的活荷载、雪荷载作用并抵御大风产生的向上吸力，方案采用依山而建的一系列大跨度轻型双面张拉索拱

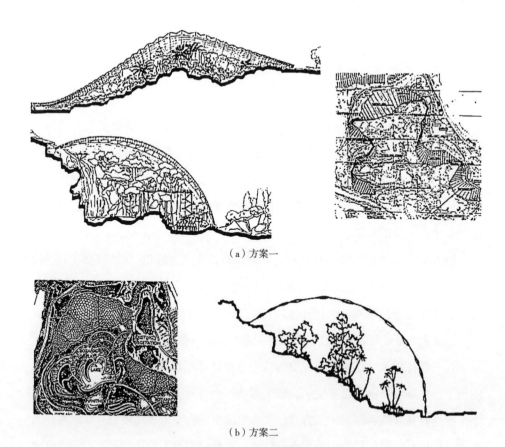

（a）方案一

（b）方案二

图2-34　伊甸园方案

（图片来源：姚亚雄《建筑创作与结构形态》）

钢结构，通过高低错落和跨度变化，将数个大型内部空间自然地衔接起来。此外，与之相配合的水电暖等系统工程将更多地利用太阳能，以减少能耗。在设计者看来，该建筑将来同植物一样，也可不断伸展、延伸、有机的发展。该方案后来又在结构上做了重大修改，采用六边形单元单层球壳，空间作用效果更加明显，预估结构自重也更轻。由钢管构成的单元网格尺寸9米。大小球壳结合地形变化和内部需要进行组合，外观形态更加具有生命活力。另外一个是威尔士国家植物园穹顶结构温室（图2-35），它也需要营造一个模拟的、除采光之外与外界隔绝的局部环境。毫无疑问，这一内部环境同样要通过对空间结构进行精心设计来实现。❶

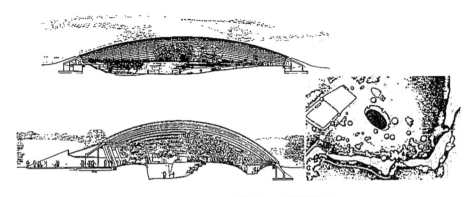

图2-35 威尔士国家植物园穹顶结构温室
（图片来源：姚亚雄《建筑创作与结构形态》）

2.4 建筑结构表现派的建筑大师及作品

历史上涌现出一些专注于结构表现手法的建筑师和结构师，他们凭借着自己对结构的深度理解与把控，成功地向世人展示了一个个优秀的作品。在这些作品中，结构并非只是一个附属的支撑条件，而是参与形象表现的主体。选择适合的建筑材料，合理利用不同材料的受力特点以及结构本身具备的美学特质，就能实现建筑功能与形象的统一，以及建筑形象与结构形态的统一。在大跨度建筑设计中，结构形态设计方面较有名气的建筑师和结构工程师师有：皮埃尔·路易吉·奈

❶ 顾馥保.建筑形态构成 [M].武汉：华中科技大学出版社，2020：154.

尔维（Pier Luigi Nervi）、理查德·巴克敏斯特·富勒（Richard Buckminster Fuller）、爱德华·托罗哈（Eduardo Torroja）、埃罗·沙里宁（Eero Saarinen）、菲利克斯·坎德拉（Felix Candela）、弗雷·奥托（Frei Otto）、保罗·安德鲁（Paul Andreu）等。他们一生致力于结构形态的研究，为推动结构形态学的发展做出了巨大的贡献。

2.4.1　皮埃尔·路易吉·奈尔维

皮埃尔·路易吉·奈尔维是知名的意大利建筑师，1881年出生于意大利北部小镇松德里奥，因其对混凝土结构美学特征的熟练运用而被誉为"混凝土诗人"。主要代表作有佛罗伦萨市体育场、意大利空军飞机库、罗马奥运体育馆等。

1913年，奈尔维毕业于博洛尼亚大学土木工程专业。作为一名结构工程师，他开始致力于混凝土技术的研究、薄壳结构的创造、钢筋网混凝土的发明等，曾荣获AIA建筑金奖和英国皇家建筑学会金奖。奈尔维在其著作《建筑的艺术与技术》一书中提到"从建筑观点来看，混凝土的流质形态及其整体性，是在力学和施工观念上以及在造型能力上取之不尽的源泉。"[1]1923年，奈尔维出道之初，设计了一些小型的作品，如托雷特斯蒂尔扎桥、那不勒斯剧院奥古斯都剧院穹顶，这些都为后期奈尔维优秀结构主义作品的诞生奠定了基础。1929年，奈尔维作为结构工程师参与设计了阿达美奥法兰基球场，他凭借自己深厚的结构功底和对结构形态特殊的思考，在使球场设计成本降低70%的同时，也使建筑形体取得了流畅美观的效果，尤其是混凝土结构的旋转楼梯，给体育场增添了亮点。1935年，奈尔维为意大利皇家空军建造了8座飞机库，飞机库设计顶棚采用钢架拱顶，下面的支座仅由6个高8米的修长内向倾斜水泥柱支撑，不仅给人以轻盈感，而且拱顶形态与飞机的使用功能相适应，使拱顶内的空间得到充分的利用。飞机场设计之前，奈尔维在实验室进行过模型的力学实验，利用结构工程师对结构力学性能以及材料性能的准确把控，使飞机库的设计除了承受荷载所必须的结构之外，无任何多余的装饰，这不仅使得成本最小化，而且形态轻盈，达到功能与形式统一、形态与结构统一的最佳状态（图2-36）。

[1] P.L. 奈尔维. 建筑的艺术与技术 [M]. 黄云升，译. 北京：中国建筑工业出版社，1981：11-15.

图2-36　奥尔维托机库

（图片来源：P.L.奈尔维《建筑的艺术与技术》）

　　1957年奈尔维设计了罗马奥运会小体育宫，这是他最著名的一个作品，使他更负盛名（图2-37）。小体育宫是为1960年的罗马奥运会修建的，主要供篮

（a）外部图1

图2-37

（b）外部图2

（c）内部图

图2-37　罗马小体育宫

球和拳击比赛用，要求容纳6000~8000名观众。主体结构为一个拱形薄壳屋顶结构，该屋顶使用了奈尔维自己获得专利的钢丝网水泥技术（ferrocemento）。其最出彩的是，拱壳内部的肋拱网根据内力应力线来设计，其相互斜交的网络形态与其外部广场的图案相呼应，优美如一朵向日葵。屋顶的支撑结构为下方的36个柱子，为了与屋顶向外的推力相平衡，支柱设计Y字型，犹如36个巨人两手向上举起屋面，前脚往前支撑，达到整体受力的平衡。在施工方法上也比较创新，相互交叉的肋将屋顶分成了1620块大小不同的菱形，每一个网格上面覆盖一个4厘米厚的混凝土薄壳，施工时采用预制装配的方法，大大节约时间，为施工提供了方便，缩短了建设的周期。该体育馆建设费用较低，约耗资2亿里拉，其结构受力与建筑形象的统一，使它并没有在虚假的装饰上面浪费更多资金。❶

在这个作品中，奈尔维不仅表现了娴熟的结构技巧、创造性构思能力以及过硬的施工技术，同时也表现出了在建筑造型上的敏感性。小体育宫的天花板非常优美，一条条精致的肋组成了迷人的图案，轻盈秀巧。Y型柱是浅色的，支承拱顶的支点也很小，从里面望出去，整个拱顶就像悬浮在空中一般，仿佛观众一阵欢呼的声浪就能把它送上蓝天，意境非常奇特。在确定菱形预制槽板的尺寸时，奈尔维考虑如果按照设备的起重能力，建筑的构件尺度还可以做得更大一些，但是那样做其效果就不会像现在这样亲切宜人。奈尔维作品的个性，深深地根植于其结构构思、施工技巧和建筑造型三者的协调处理能力中，几乎不允许加进任何别的东西。正如我们所看到的那样，他的作品几乎都是以他为主进行设计的，建筑师反而只是在局部处理时做些配合，因此他的想法往往得以贯彻始终，整体统一。也有少数场合是他配合建筑师进行设计的，结构所占的比重不那么大，但是他也力求在满足建筑意图的同时，加进一些自己的东西。

奈尔维的建筑设计理念在现在看来仍然是实用且超前的。在那个年代，他能够创新性地对混凝土加以运用，并且能把钢丝与混凝土结合，追求结构形态与建筑形象完美统一，的确是一个非常了不起的建筑师，他开创并引领着结构形态美学的发展。正如他自己所说"钢筋混凝土工程是人类迄今所发现的更有适应性、

---

❶ 王崇杰, 蓝静. 向 P.L. 奈尔维学习结构构思——纪念 P.L. 奈尔维逝世二十周年 [J]. 华中建筑, 1999(3) :40–42.

更难大量采用和更完善的施工方法。由于引入钢筋混凝土，建筑艺术与技术之间关系的丰富和多样性获得了新的发展，可以不夸张地说，由于这一材料独特的施工技术和潜在的造型能力，正在引起一门新兴美学的发展——这一美学通过隐约的途径可以追溯到更远古时期的建筑原则。"❶奈尔维为世人留下的优秀作品还有许多，都灵工人文化宫也是他的优秀作品之一（图2-38）。

图2-38　都灵工人文化宫
（图片来源：P.L.奈尔维《建筑的艺术与技术》）

2.4.2　理查德·巴克敏斯特·富勒

理查德·巴克敏斯特·富勒1895年出生在美国马萨诸塞州，他的身份有多种：建筑设计师、工程师、发明家、思想家和诗人。他一生致力于追求宇宙自然法则中的低碳节能技术，并将之运用在军事、汽车制造、建筑设计等领域。富勒给自己提出的低碳思想命名为"dymaxion"，中文翻译为"最大限度利用能源的，以最少结构提供最大强度的"，这个词由3个单词组合而来，它们分别是：Dynamic

❶ P.L.奈尔维.建筑的艺术与技术[M].黄云升，译.北京：中国建筑工业出版社，1981：11-15.

（动力），Maximum（最多、最大）和ion（离子）。❶

富勒的一生注重低碳技术的实践探索，并发明了许多技术（图2-39、图2-40）。

图2-39　富勒制作的张拉结构模型

图2-40　富勒进行模型制作实验

❶ 花万珍.理查德·巴克敏斯特·富勒:20世纪最前卫的建筑师[J].名家名作,2021(7):74-75.

1920年，富勒便开始设计人生的第一个建筑，被人们称为"会飞的建筑"，这个建筑并不是真正使用的，而是一个展示的概念模型。建筑是一个六边体结构，骨架由铝和玻璃制造而成，中间由一根钢结构柱体支撑这一张拉索网格，另外建筑的外表面也是这样的拉索网格，这便是张拉索结构的最初探索。除此创新之外，这个建筑还有诸多低碳绿色理念的创新，如体量轻巧、房子可被飞艇带向太空的幻想，让人们无比震惊，称它为"无害的怪物"。富勒思想的超前性以及与众不同的想法，成就了他后来在建筑领域的成功。20世纪30年代，富勒的汽车作品亮相，这种汽车同样继承了节能轻巧的理念，车壳由铝制成，下方3个轮子，速度快，可原地旋转180°，并且在车的后部设计了一架潜水镜，借以表达可以在水中游的未来汽车幻想。但由于当时人们没有意识到他创新的价值所在，所以没被重视和推广。但今天看来，他之所以能够成为知名的建筑大师，从思维模式上面就已经超越了普通人。正如环境学家伊恩·麦克哈格所说"真的很难相信他在20世纪30年代就能设计出这种小型特种车，它的发动机相当于一台割草机的发动机，效率高得难以置信。而与此同时，底特律却在制造蠢笨的怪物，他们本来只需要听一下富勒的观点，就能学到有益的东西。"

在建筑领域，富勒继续探索他的节能实践，他认为大自然的形态是最为精巧和节能的，所以他善于观察自然，例如，他利用四面锥体成功建成了测量圆屋顶。1960年富勒还设想用一个巨大的穹顶将迈哈顿中心区罩起来，在里面设计一个可以自我调节的生态系统，以抵抗未来有可能产生的灾难（图2-41）。这个想法在今天看来，虽仍天马行空，但是展望未来，灾害仍然是人类需要共同面对的课题，富勒当时提出的设想也是当今建筑师和结构师们共同奋斗的目标，他们仍在继续研究这种巨型的穹顶结构是否有实现的可能。

1967年建于加拿大蒙特尔世界博览会的美国馆是富勒的代表作之一。在这之前，富勒曾经获得了一项名为"网球格顶"的专利，美国馆建筑就是用此专利技术修建而成的。建筑的外表面是一个由钢桁架制作而成的球体，外表面是透明的玻璃，里外通透，人们亲切地称其为"富勒球"。富勒是结构形态美学的早期体验者，他的成功也向世人证明了一个道理，那就是掌握结构的受力特点，充分利用建筑结构形态去塑造建筑形象，是一条可行的建筑形象塑造之路。

图2-41 富勒想象的迈哈顿未来城市形态

（图片来源：姚亚雄《建筑创作与结构形态》）

2.4.3 爱德华·托罗哈

爱德华·托罗哈是西班牙著名结构工程师、国际空间结构协会创始人。他的主要贡献是在薄壳结构形态的创作上，也是一位将结构美学发挥到极致的大师。他主要擅长的结构类型为混凝土壳体、悬挑、空间网格壳体、预应力混凝土等。

阿尔捷希拉集贸市场是爱德华·托罗哈的作品，它的下方有8根圆形的承重柱，上方是圆球形的屋顶，屋顶是由中间的圆球形与边上的圆柱面相交而成的组合屋面（图2-42）。球面和圆柱面的交线正好组成了整个屋顶受力的骨架，每两根柱子之间有一根受力骨架，一共8根骨架支撑起中间屋顶的重量，外面又支撑起圆柱面的外挑结构。相较传统的拱形屋顶而言，这个形态更多了一份活泼。最重要的是，设计师巧妙构思的同时，也考虑到合理处理结构的受力关系，以使结

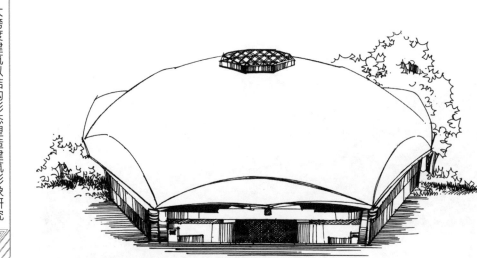

图2-42　阿尔捷希拉集贸市场　赵娜　绘

构形态与建筑形象得以统一。

马德里赛马场看台的屋顶是一个长度为25.3米的悬臂钢屋盖结构，钢屋架是由一系列的双曲抛物面壳的一部分连续重复构成，屋顶通过看台上的6根柱子连接，以平衡其抗弯能力（图2-43）。这样的屋顶给人一种既轻巧又丰富的视觉感受，同时屋顶的形态也是基于结构力学合理性做出的选择、尽管在后期的战争中受到过破坏，但是仍然安然矗立至今。

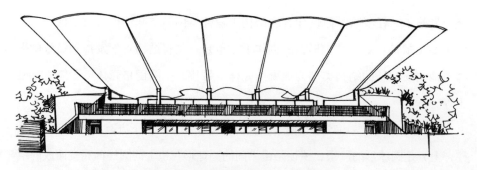

图2-43　马德里赛马场看台　赵娜　绘

埃斯拉拱桥是托罗哈设计的曾打破跨度记录的桥梁（图2-44）。桥梁整个跨度有210米，拱顶高于水库水面50.3米，高出地基100.6米，由于托罗哈对力学

图2-44　埃斯拉拱桥

原理的精准把控以及深厚的美学功底，使桥梁从建筑设计到结构设计乃至后期的
施工，都能够一气呵成。

　　除此之外，托罗哈的作品还有拉斯考茨足球场看台（图2-45）以及圆形餐

图2-45　拉斯考茨足球场看台

厅（图2-46）等。托罗哈是一位优秀的结构设计家，一生致力于建筑结构的研究，并且擅长将所学的知识灵活运用，使结构不再作为建筑创作的附属品，而是作为建筑创作的主要来源，对推动结构形态学的发展做出了巨大贡献。

图2-46　圆形餐厅

2.4.4　埃罗·沙里宁

埃罗·沙里宁是20世纪中叶美国的知名建筑师，他推崇功能主义建筑，而当时的社会是以折中主义建筑为主要方向的。在功能主义建筑的实践中，埃罗·沙里宁也将结构形态的运用发挥到了一定的水平。

埃罗·沙里宁一开始是以家具设计而出名的，他在家具设计中要求椅子要达到造型和功能的完美统一，椅子和环境的协调统一。他在家具设计中已经开始体现出了对功能、结构和美的综合把控能力，这为日后建筑设计奠定了基础。他的家具代表作有子宫椅、郁金香椅等，其形态自由不刻板，直到今天还在广泛运用。

杰斐逊国家扩展纪念碑是埃罗·沙里宁闻名世界的代表作之一。纪念碑是一个抛物线形的拱形门，高度为190米，外贴不锈钢，两个基座巨大而坚实。从远处望去，轻盈飘逸。这个美丽且震撼人心的旷世拱门，即使现在也是绝无仅有的。其高耸入云霄的气势，给人视觉上和精神上的震撼与鼓舞，有着城市大门的象征意义，该纪念碑的每一处都处理得恰如其分。这个案例告诉我们，结构形态本身就具备无穷的表现力。

麻省理工学院克雷斯吉礼堂是埃罗·沙里宁设计的另一个壳体建筑，礼堂建筑的屋顶是一个1/8的球壳，球壳的3个支点落地作为屋面的支撑，形态浑然一体，简洁明快（图2-47）。耶鲁大学冰球馆（图2-48）使用的是悬索结构，中间是一道钢筋混凝土曲线拱梁，跨度有85米，拱梁成动态起伏的曲线形，拱梁的两侧悬挂悬索，跨距达57米。造型结构完全裸露，全部是受力必须的部件，也正好展示出结构形态之美，没有一点多余的装饰，整个造型展现出了冰球运动的速度感，极具视觉冲击力。纽约肯尼迪机场的第五航站楼（图2-49）是埃罗·沙里宁最著名的作品之一。作为悉尼歌剧院方案的评委，他受到悉尼歌剧院贝壳屋顶结构方案的启示，将建筑设计为展翅欲飞的鸟，其寓意与飞机场的功能不谋而合。整个屋顶由4块钢筋混凝土壳体拼接而成，下端的受力支座为Y型支墩，屋顶形状似鸟翅。纵观整个建筑，没有一处是规整的几何形，整个曲面浑然一体，十分流畅。据说埃罗·沙里宁在一个巨大的仓库里制作模型，整个模型都已经突出仓库。在结构形态的推演中，建筑师必须谙熟结构的力学原理，才能使结构形

图2-47　麻省理工学院克雷斯吉礼堂

图2-48　耶鲁大学冰球馆

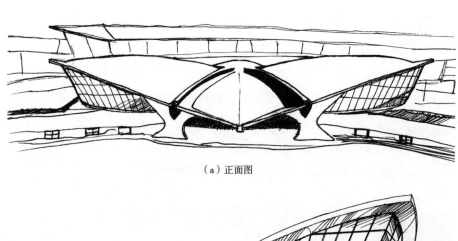

（a）正面图

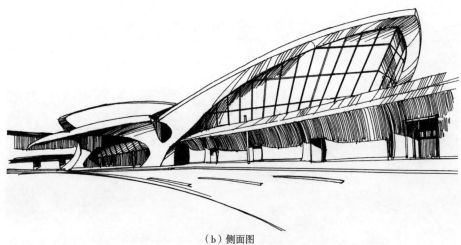

（b）侧面图

图2-49　纽约肯尼迪机场的第五航站楼

态的设计在受力合理的情况下达到预设的造型目标，这也是大师们用一个个案例给我们展示的真理。沙里宁建筑作品体现出来的优美动人的形象、动感十足的造型，给人以巨大的视觉冲击和精神震撼，为推动现代主义建筑向多元化、丰富化发展做出了极大的贡献！❶

2.4.5　菲利克斯·坎德拉

菲利克斯·坎德拉擅长混凝土薄壳的使用，20世纪50年代开始，在他的900多个项目中，基本都有轻盈优雅的双曲抛物面薄壳屋顶的影子。墨西哥国立自治大学的宇宙射线亭是他早期的薄壳结构作品，承重结构是三榀混凝土双层拱，下层的拱裸露在外支撑上方建筑，上层两拱之间是双曲抛物屋面，由两个一样且连续的双曲抛物面构成。由于双曲抛物面的形成是由一根直线围绕另外一根与它交叉的直线旋转而成，所以双曲抛物面可以直接由直线杆件按照一定的规律搭建，因而在实现形态美观的同时，也能使结构构成和施工过程简洁。宇宙射线亭的薄壳屋顶跨度有10米，厚度只有1.5厘米左右，外形看上去轻盈优雅（图2-50）。自这个项目，坎德拉开始了他对双曲抛物面薄壳的创造性运用之路。

（a）宇宙射线亭

图2-50

❶ 童乔慧,包亮玉,刘天卉,等. 多元探索与结构创新——埃罗·沙里宁建筑思想及其设计作品分析 [J]. 建筑师,2020(3):77-84.

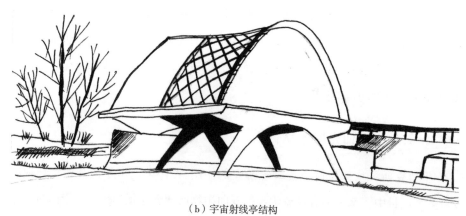

（b）宇宙射线亭结构

图2-50　宇宙射线亭及结构

　　帕尔米拉教堂是坎德拉的另一作品，建造在山顶上，主体结构由单个双曲抛物面壳切割而成，一侧被切割成弧线，另一侧被直角面切割，外形非常活泼，整体感强烈（图2-51）。圣维特生·得·保罗教堂由3块双曲抛物面组合而成，3块抛物面之间用3个钢桁架连接，整个造型如同放在地上的一顶白色帽子，加上内部钢桁架镂空的光透效果，获得了一种神秘的空间效果（图2-52）。

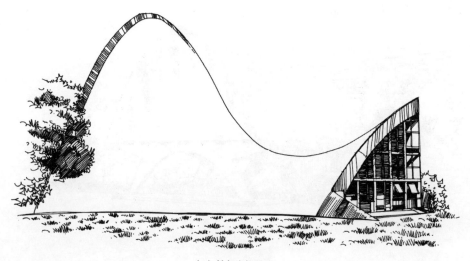

（a）帕尔米拉教堂

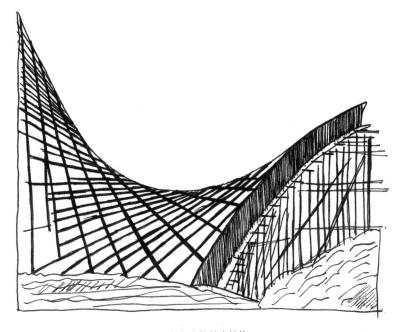

（b）帕尔米拉教堂结构

图2-51　帕尔米拉教堂及结构

（a）结构绘图1

图2-52

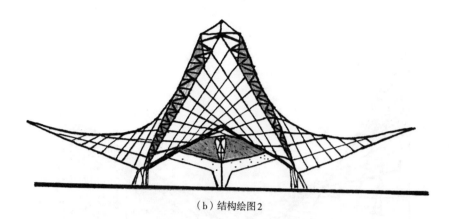

（b）结构绘图2

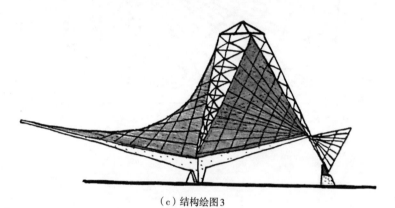

（c）结构绘图3

图2-52　圣维特生·得·保罗教堂

　　霍奇米洛克餐厅由4个双曲抛物面构成，也是坎德拉的杰作，位于墨西哥城南索奇米尔科花圃的水边，如一朵盛开的花朵。建筑由4个双曲抛物面中心相贯而成，自动生成相贯线，边缘的壳体用圆柱来修饰形成轻盈外挑的形态。整个建筑立意为水边绽放的花朵，水中的倒影与之相互映衬，花瓣栩栩如生，非常轻盈美观。餐厅平面轮廓最大直径为42米，由中心向外出挑21米，结构的主要荷载由双曲抛物面壳相交的交叉拱承受，交叉拱成V字型，与屋面完全融合在一起，并且随着屋顶壳形状的变化而变化，交汇于中心顶点。受力途径由花瓣传递给拱，拱再传递给地面，而交叉拱之间的水平推力相互平衡（图2-53）。

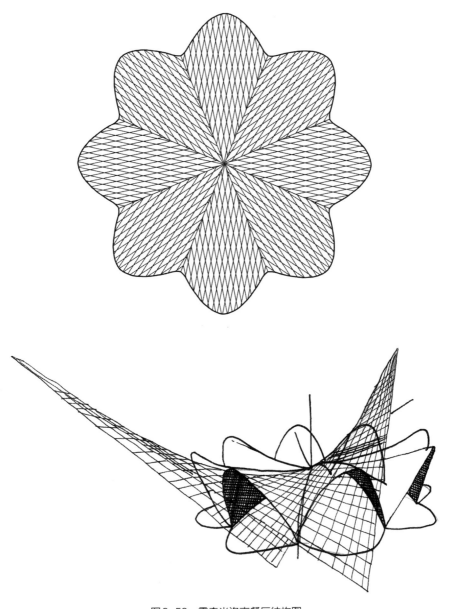

图2-53　霍奇米洛克餐厅结构图

2.4.6　弗雷·奥托

弗雷·奥托 1925 年 5 月 31 日出生于德国，是著名建筑师、工程师、研究员
和发明家，柏林工业大学土木工程的博士，擅长薄膜材料的运用。其代表著作有

《悬挂的屋顶：形式与结构》《张力结构：电缆、网状和膜型建筑的设计、结构和计算》。1964年，德国政府准备为蒙特利尔世博会设计国家馆，要求此馆能够体现本国工程技术创新的最高水平，并为此特别成立了斯图加特大学轻形结构学院，委任奥托当院长。在此期间，奥托专注于轻质张力帐篷结构的研究，并对此结构后期的发展产生了积极的影响。其代表作有慕尼黑奥林匹克体育公园主体育场、蒙特利尔世博会德国馆。❶

慕尼黑奥林匹克体育公园主体育场的设计融入了人与自然和谐共生的理念（图2-54）。建筑主体采用索膜结构，看台的雨棚设计成延绵起伏的半透明帐篷，帐篷被拉索悬吊在旁边的支撑受力柱上，每一个悬挂点构成一个圆锥网格。网索屋顶镶嵌浅灰棕色的丙烯塑料玻璃，阳光可以通过玻璃倾泄而下，内部光线十分柔和。整个建筑从屋顶到看台都与公园融为一体，前方是奥林匹克湖，环境十分优美。奥托的建筑突破了以往建筑与环境互不关联的处理方法，追求建筑与环境的和谐统一，而薄膜结构形态自由的特点，也正好为此提供了条件。虽然在今天

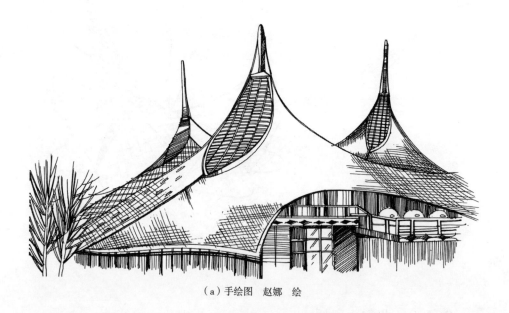

（a）手绘图　赵娜　绘

---

❶ 程云杉, 戴航. 最柔的奥运建筑——弗赖·奥托与慕尼黑奥林匹克中心屋顶[J]. 建筑师, 2008(3): 74–80.

（b）实景图

图2-54 慕尼黑奥林匹克体育公园主体育场

看来，薄膜结构是一种常见的形态，但在当时，奥托在作品中对现代风格的追求、对薄膜结构形态的把控，以及超越建筑本身的天人合一的观念，的确显得非常的了不起。弗雷·奥托的一生中创造了很多前所未见的、创意新颖的空间结构，让人们开拓了眼界，开辟了一条结构形态表现的新思路。

2.4.7 保罗·安德鲁

保罗·安德鲁是著名的法国建筑设计师，毕业于巴黎美术学院，就职于巴黎机场。他有许多著名的建筑作品留存于世，如日本大阪海洋博物馆、法国巴黎的新凯旋门等。因为其就职于飞机场，因而飞机场的作品最多，例如，巴黎戴高乐机场、上海浦东机场等。我们熟悉的北京国家大剧院也是安德鲁与清华大学合作设计的作品，它的造型为一椭圆球形，灵感来自一种非洲巨树的种子（图2-55）。主体结构采用椭圆球钢壳体，长轴212米、短轴143米、高46米。承力拱架有148个，纵向拱架由横向不锈钢杆件连接，增加整体结构的刚度和稳定性。椭球体屋面采用钛金属板饰面，重量由主体钢结构支撑，中部为渐开式玻璃幕墙，中间部分的玻璃幕墙是整体建筑设计的点睛之笔，不仅提供了建筑虚实对比的变化，更是把内部钢构架结构显露出来，向人们展示结构之美，成为安德鲁用结构形态展现建筑形象的一个代表作。❶

（a）外部图

（b）内部图

❶ 王耀超．"后国家大剧院"时期中国当代建筑创作研究 [D]．济南：山东建筑大学，2014．

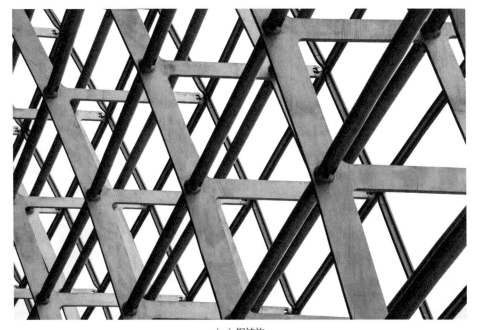

（c）钢结构

图2-55 国家大剧院体育馆

第3章

大跨度建筑的结构形态
与建筑形象的统一

3.1　大跨度建筑的特点

　　大跨度公共建筑具有以下三个方面的特点：一是大跨度建筑功能与建筑形象的关系更为紧密。一般而言，大跨度公共建筑主要用于体育场馆、文化娱乐设施等。体育场馆的运动展现的是速度与激情美、力量与舒展美，文化娱乐活动体现的是人们对文化气质、艺术品质的追求。这些使用功能特点与建筑外部特征需要相互呼应，表里如一；二是大跨度建筑的功能设计需要具备一定的普适性。大跨度建筑尤其为运动会等临时性活动建造的场馆，不仅要求具备与建筑功能相匹配的视觉、光学、声学、消防等基本设计，而且作为耗资巨大的项目，还需综合考虑日后场馆的经济效益，因而功能灵活、适用性广是设计师需要考虑的重要内容，这和普通建筑是有所区别的；三是大跨度建筑的结构对建筑形象的塑造具有决定性的作用。大跨度建筑的建设对结构的要求较高，尤其屋顶必须要由大跨度空间结构来实现，由于结构体量巨大，所以对建筑的总体形象来说具有决定性的作用。在建筑设计的时候，需要多工种相互配合，建筑师与结构师不仅需要相互沟通，还需要他们具备双向驾驭的能力，最终才能使结构形态与建筑形象融为一体。

3.2　大跨度建筑的空间形态

3.2.1　空间的限定与空间形态的建构

　　建筑空间是为了满足人们生产生活需求，运用各种建筑要素建构而成的内部空间与外部空间的统称，建筑空间是建筑设计的最终目的。对建筑空间的认识可以追溯到19世纪，黑格尔和沃尔夫林最先在现代意义上使用了"空间"这一术语。发展到20世纪，建筑设计工作者们逐渐把对空间品质的追求当成建筑设计的首要目标。

"形态学"（Morphology）一词来自希腊语"Morphe"（形式）和"Logos"（科学），歌德在自己的生物学研究中倡导得最早，他由于不满意自然科学中过分的理性分析倾向，才有这样的规划与设想。后来发展成为生物学的主要分支学科，其目的是描述生物的形态和研究其规律性，且往往是与以机能为研究对象的生理学相对应。形态学方法被命名为"形态文艺学"（morphologisch Literaturwissenschaft），这是关于文艺学的基础理论研究，其中心观点，认为诗的"构形"（Gestalt）是有机组成的大自然的"现象"（Erscheinung）；诗是"构形的整体"（Gestaltganzes），也是有生命力的有机体，它通过和自然同等的创造力这样一个构形性的中介组成整体。建筑学是集技术与艺术为一体的学科，在建筑创造过程中，设计师们常师法自然，通过学习自然界中生物的构形原理，在充分掌握结构力学规律和材料性能的基础上，创造出形态各异的建筑艺术品。

所谓"形态"，即形式或状态，"形"的"样貌"，"形"之"态"，是指事物存在的样貌，或在一定条件下的表现形式。形态是可以把握、感知和理解的。"形态"的应用领域广泛，在建筑学领域，表示建筑形体和空间二者的几何之形及形之状态。

"构成"意为创造。1919年，在格罗皮乌斯提出的"艺术与技术的统一"口号下，包豪斯设计学院努力探索新的造型方法和理念，对抽象艺术元素点、线、面、体的组合方法进行大量的研究，对形、色、质的造型方法进行深入探索，为现代构成理论打下了坚实的基础。以此为基础产生的形态构成学，为建筑师的创作提供了新的灵感。在建筑空间构成中，点、线、面、体这些基本要素代之以具体的墙、柱、梁、屋顶、地面等建筑要素，其围绕空间的具体用途目标做出相应的排列、组合、围和等，巧妙运用虚实、材质、色彩、肌理等设计手法，生成特有的建筑形态。

建筑设计既是一个艺术创作的技术，也是平衡各种关系的技术，不仅需要考虑人们的视觉审美需求，也要在实用功能、结构力学、经济效益、环境关系、历史文脉等要素中寻求最佳的平衡点。但无论如何，建筑作品最终都要以建筑形态的形式展现出来，因此，建筑形态的构建成为了建筑设计的核心环节。

3.2.2　空间形态的解析模式及构成手法

空间是建筑的主体，也只有在建筑中，空间才成为形式具体的东西。建筑空间形态的建构，需要协调人、建筑、环境三者的关系。所建构出来的空间形态又分为外、内两种。外部空间形态主要反映建筑的外部形状、体量、窗、墙、阳台、屋顶等的组合方式，建筑语言符号的运用等，可以解析为形体构成及语言符号两种形式；内部空间形态指内部空间的形状、大小及空间之间的关联、结构构件的关系、室内装饰风格等，可以解析为空间结构及建筑语言符号两种形式。无论是内、外形态，还是概念形态，它们都是相互关联的。外部空间形态是内部空间的必然反映，而外部形态又反过来制约内部空间。因此，建筑形态可以解析为3个概念：立意构成、元素构成、语言符号。建筑设计过程中可以分别从3个不同的点切入，进行空间形态构成。

1. 立意构成法

立意构成法即在建筑设计过程中，为了使建筑与周围环境取得和谐，或是表达某种人文精神，预先设定立意表现目标，使空间构成沿着既定的目标开展的方法。如著名的悉尼歌剧院，设计师立意为"即将乘风出海的白色风帆"；珠海大剧院以"珠生于贝，贝生于海"为设计立意，其外形如一大一小两组"贝壳"，用以诠释珠海拥抱海洋文明的富有历史文化沉淀的城市精神特质；位于苏州的"东方之门"建筑以"门"为立意基础，通过简单的几何曲线处理，将传统文化与现代建筑融为一体，使苏州历史文化得以最大程度的表现；湖北剧场采用"黄鹤、鼓琴、歇山"为主题，以追求地域特色和传统文化的传承等。以上建筑均是以立意为切入点的建筑空间形态构成手法。

2. 元素构成法

元素构成手法是将墙、柱、梁、屋顶、门窗、装饰等建筑元素按照一定的手法进行叠加、排列、组合，创新出特定空间的表现手法。从要素构图来看，我们常用形式美法则来感知它，如尺度与比例、均衡与对称、韵律与节奏等，属于较为直观的表达手法。从心理学的角度来分析，建筑元素的构成通过对视觉的冲击来引起情感上的共鸣，以获得人们情感上的接纳与认可。因此，对元素组合的把握决不能仅局限于元素构图的形式美法则，而要综合多种层面，使其"超脱形，获得神"。

3. 类型语言符号法

建筑是文明的产物，也是文明的载体。在历史长河中，人们受到心里底层结构和思维方式的影响，在创造建筑空间的过程中，总会不自觉地将心里底层的文化基因映射在建筑这个文明的空间容器之上，形成了稳定存在的空间形态类别。文化形态与空间形态表现出同构的关系。阿尔多·罗西认为建筑内在的本质是文化习俗的产物，文化的一部分编译进表现形式，而绝大部分则编译进类型。表现形式是表层结构，类型则是深层结构，它所模拟的是情感和精神可以认可的事物。当这种类型组合到建筑中，就会传递出历史传统与人文价值的信息。与结构构成手法、元素构成手法相比，类型构成手法更进一步地从心理空间上建立对历史传统的追忆，达到传递人文信息的目的。类型构成的空间形态是建筑文化信息的载体，是将符号与建筑形体、材料、色彩、情感等巧妙融合在一起的一种手法。❶

3.3 结构形态与建筑形象的统一

结构形态应该是结构内在规律的外在表现。一种结构形式要得以实现，其结构布置要符合外力作用、内力分布、材料性能和施工技术等各种条件。对于建筑而言，建筑形态又是一定的美学原则的具体体现。建筑与结构在形态构成上都有其内在规律，因此，要实现艺术与技术的完美结合，建筑与结构不仅应做到形式上的结合，也应做到内在规律的结合。以空间结构为主体的大跨度建筑，要求以尽可能少的材料覆盖较大的空间，结构上要求形态合理、受力明确、自重减轻，建筑上要求量体裁衣、删繁就简、摒弃烦琐的装饰，从而最大限度地达到结构与

---

❶ 赵植苹.建筑艺术与技术的关联 [D].重庆大学,2001:108.

建筑形式的一致。从这个意义上来说，从空间结构形态入手来探讨结构与建筑的关系具有独特的优势。下面我们就从以下4个方面来探讨大跨度建筑结构形态与建筑形象的和谐统一。

3.3.1　结构形态与建筑功能取向的统一

任何建筑在最初设计建造时都要认定某种功能取向，这种功能取向，或是接触或是观看，无疑都是以人为中心的。在结构形态设计的过程中，建筑师需要保持结构形态与建筑实用功能、造型立意、环境意向的统一，因为这三者都是以满足人的活动需要和心理需要为目标的。

1. 结构形态与建筑实用功能的统一

实用功能指的是能够满足人们直接触及的功能范围。在进行建筑设计时，建筑师应该实现外部造型与内部实用功能空间的和谐一致。然而，这个问题是很难把握的。以我们熟悉的悉尼歌剧院为例，虽然悉尼歌剧院举世闻名，但是在功能与形象统一方面却是一个反面教材，它内部使用空间与建筑外形是不一致的，且其内部空间在声学方面的处理也不尽人意。有鉴于此，我们更应重视发挥结构形态在实现功能空间合理性方面的积极作用。

结构形态应该适应建筑内部空间的需求。如图3-1所示的屋架的优化示意图，按传统的结构形式，结构本身固然是最优的，但屋架占用了大量建筑内部空间［图3-1（a）］；如果为了增加建筑内部空间，把屋架下弦钢件上移，内部空间固然是增加了，但是结构的受力状态就明显不合理，结构不再是单纯的拉压状态，还有一部分是以受弯为主［图3-1（b）］。但是，如果我们稍微改变一下，杆件内力虽有增加，但仍然是单向拉压状态，既保持了合理的结构形态，又解放出了建筑的内部空间，可以这样说，这里的结构与建筑都进行了优化设计［图3-1（c）］。❶

又如我国沈阳某中型民航客机的维修车间，设计过程中曾做过3种结构方案比较（图3-2）。图3-2（a）为屋架方案，机尾高8.1米，屋架下弦不能低于8.8米。

　❶ 姚亚雄.建筑创作与结构形态 [D]. 哈尔滨:哈尔滨工业大学,1999:150.

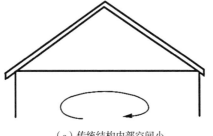

（a）传统结构内部空间小

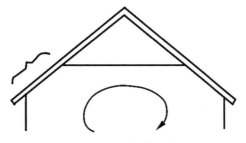

（b）屋架下弦钢件上移

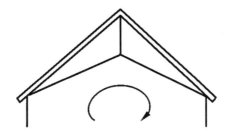

（c）改变后的屋架结构

图3-1　屋架的优化

（图片来源：姚亚雄《建筑创作与结构形态》）

由于建筑形式与机身的形状尺寸不相适应，使整个厂房普遍增高，室内空间不能充分利用，因此，这个方案不经济；图3-2（b）为双曲抛物面悬索方案，它的建筑形式符合机身的形状尺寸，建筑空间能够充分利用，但要求高强度的钢索，材料来源困难，施工条件和技术的要求较高，且跨度较小，采用悬索方案不经济，因此，这个方案不宜采用；图3-2（c）是钢架结构方案。它不仅建筑形式符合机身的形状尺寸，尾部高，两翼低，建筑空间能够充分利用，而且对材料、施工

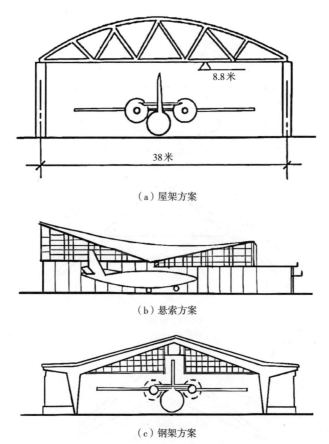

（a）屋架方案

（b）悬索方案

（c）钢架方案

图3-2　某中型民航客机维修车间3种设计方案
（图片来源：王心田《建筑结构体系与选型》）

都没有特别要求，所以，最后选择它。❶

　　上述的简单实例说明，为了赢得合理的建筑空间，结构形态设计具有很大的潜力。在体育馆的屋面设计中，多取中间高四周低的形式，这是实用功能的需求，与周围环座的观众的心理需求也是一致的。同时，在结构形态上，这也是最易于实现的。因为出于受力的合理性，通常的拱型结构、穹顶结构及网壳结构都是中间高四周低的形式，而且周边的支撑结构无额外的功能要求，也不宜做得过高。这样，主体结构和支撑结构的关系就与主要建筑空间和辅助建筑空间的关

❶ 王心田.建筑结构体系与选型[M].上海：同济大学出版社,2003.

系取得了一致。❶例如，北京网球馆的屋顶（图3-3），采用钢筋混凝土双曲扁壳。该建筑的最大特点是扁壳隆起的室内空间适应网球的运动轨迹，使建筑空间得到充分利用。

图3-3　北京网球馆屋顶
（图片来源：王心田《建筑结构体系与选型》）

2. 结构形态与视觉功能的统一

视觉功能空间可以分为两个方面：一个是为满足直接观看的视觉质量提供足够的视角、视距、光线等条件，另一个是结构本身为附带观看的建筑形式提供较好的视觉形象。结构形态与这两个方面都有直接联系。

大型公共建筑中，结构形态的确需要充分考虑使用空间的物理要求，特别是视线的要求。为了实现这一目的，结构应该在整体形态和细部处理上都做些积极的变化。

在追求结构布置与视觉美感的协调一致方面，奈尔维对混凝土结构的驾轻就熟是人所共知的。他在1935年为意大利的空军设计的飞机库，是其优秀作品之一，飞机库的平面尺寸为100米×40米，两个活动大门宽50米、高8米。最开始，奈尔维用普通的梁柱体系进行尝试，但都没有得到想要的效果。经过推敲，最后选择拱来作为结构体系，他认为拱不仅能够轻松实现大跨度，而且受力合理、经济实惠，通过拱肋的艺术化处理还能获得一定的艺术效果。但是，由于当时技术条件的限制，超静定结构的计算问题并不能解决。他请来米兰理工大学达

❶ 姚亚雄. 建筑创作与结构形态 [D]. 哈尔滨:哈尔滨工业大学,2000:250.

鲁索教授，他们通过模型实验验证了此种结构的合理性和可行性。但是在当时看来，这种结构属于一种新鲜的事物，旁人对它的安全性和稳定性还持怀疑态度。幸运的是，此项目得到空军技术部长吉拉尔德上校的大力支持和肯定，最后得以实施，并成为奈尔维建筑师生涯的一个重要节点。奈尔维在前2个飞机场的施工时采用现浇，施工难度较大，后4个机库施工改进了方法，采用预制肋现浇接头技术，不仅使施工大为简化，而且还使结构形态与视觉功能取得了统一。❶通过这个项目奈尔维逐渐形成了自己的一套设计理论与方法，自此后他基本上沿着这条技术与艺术统一的路线前行。

奈尔维的另一作品——都灵展览馆的B厅，在形态与视觉统一方面也堪称典范（图3-4）。这是第二次世界大战之后他为第一届汽车博览会而设计的。尽管工期很紧，但奈尔维仍然没有放弃他对技术艺术的执着追求，他表示"要用我所知道的全部技术手段，我所能具有的审美能力来对待它"❷。的确不负所望，从结构方案到视觉形象再到施工技术，他都亲自认真推敲其可行性和经济性。该建筑大厅有97米的跨度，他选择了装配式的薄壁波形筒拱结构、预制安装的施工方法，构件的断面形态呈V字型。为了能够减轻结构的自重，奈尔维根据结构受力的特点，在腹壁处开孔并兼顾天然采光，使大厅轻巧明亮。为了方便施工，他还综合评估并根据设备的起重能力来控制预制构件的大小，并在腹壁间加上形状像箭头的混凝土薄板以加强施工时的起吊刚度，而这样的细节并非只是结构上的附属，它有效提升了内部空间的视觉节奏感。为了使结构的尺度显得亲切，奈尔维降低了屋盖的起拱高度，但也充分根据结构的受力特点来设计从支座到屋顶的弧度。在屋顶连续的拱肋到不连续的支座的传力路线的处理上，奈尔维和结构工程师反复推敲，最后也处理得很完美。从支座悬挑出来的二层平台，与整个结构融为一体，干净利落，顺势而为。整个大厅没有一点多余的装饰，全是遵循力学逻辑展开的结构形态设计，在满足结构功能的同时，也最大可能的塑造出优美的视觉形象。拱肋的处理尤如腾空的巨龙，使建筑看起来轻巧活泼，一改常规手法带来的巨大屋顶的沉重感。奈尔维对结构形态与视觉形象统一的追求对当时整个建

❶ 肖世荣.钢筋混凝土诗人——皮埃尔·鲁基·奈尔维[J].世界建筑,1981(5):72-83.
❷ P.L.奈尔维.建筑的艺术与技术[M].黄云升,译.北京:中国建筑工业出版社,1981:15.

筑界产生了重要的影响。都灵展览馆的B厅被建筑界誉为自水晶宫以来的一百年间，欧洲最重要的建筑之一，近代建筑史中几乎是每著必录，它不仅代表一种创新思想，更代表一种新的方向，乃至今天仍能指引当代建筑师和结构师的创作思想。对于这种表现手法，奈尔维曾说："混凝土可塑性质的自由度，也既建筑上

图3-4　都灵展览馆B厅内景
（图片来源：P.L.奈尔维《建筑的艺术与技术》）

的自由度，是如此的完整，以致肋的设计完全取决于结构需要，同时又得到相当的艺术效果"。❶

3.3.2 结构形态与建筑造型立意的统一

建筑造型是建筑创作的重要内容，建筑的形象是与结构骨架毫不相干的虚假装饰，还是结构形态逻辑关系的真实反映，是检验建筑师成熟与否的试金石。美国建筑师埃罗·沙里宁的设计作品，在建筑表现与结构形态的结合方面堪称典范。1967年建成的位于圣路易斯的杰弗逊纪念拱门（图3-5），结构整体呈高200米的倒悬链线形，底部边长19米，顶部收束为6米，钢结构，截面呈三角形。这种形式的拱，在均匀分布的自重荷载作用下，内部只存在压力，而无弯距和剪力，设计者以此来最大限度地表明结构形式与内力状态的协调一致性，以简练舒缓的形态给人以心理上的抚慰。该建筑在形式上纯属力的表现，在思想内涵上则隐喻了自然与文化、过去与未来的沟通。

图3-5　杰弗逊纪念拱门

❶ P.L.奈尔维.建筑的艺术与技术[M].黄云升,译.北京:中国建筑工业出版社,1981:18.

埃罗·沙里宁的创作高峰正处在把混凝土作为建筑表现手段的鼎盛时期——20世纪五六十年代。纽约肯尼迪国际机场的环球航空公司候机楼，整体采用了现浇混凝土结构，内外形态有机变化，4根Y型柱支撑的壳体屋面宛如展翅的飞鸟。施工工艺虽复杂，却换来了建筑造型强烈的雕塑感，而且结构的空间关系清楚，不失合理性。

在华盛顿杜勒斯国际机场候机楼的设计中，以两侧向外倾斜的混凝土柱支撑单曲悬索屋面。外伸的混凝土柱与内收的悬索在承力趋势上达到平衡，从而尽可能发挥了混凝土柱的抗压性能，有效地减小了其中的剪力和底部弯距。为了交待柱子与屋面之间的悬挂关系，采用了将屋盖开洞、使柱顶从中穿过的处理手法。该建筑设计从整体构思到细部处理都别具匠心。日本长野奥林匹克体育场（图3-6）则与之相反，它是为了举办1998年冬季奥运会而建。其方案创作考虑了长野的山地地形，建筑的独特外貌使人不由得联想起富士山。但上部内收的形式导致了结构受力状态的不合理，使基础底座显得特别厚重。

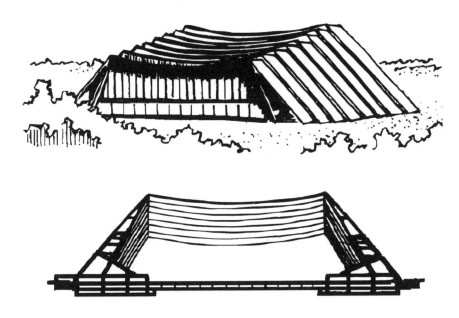

图3-6　日本长野奥林匹克体育场

（图片来源：姚亚雄《建筑创作与结构形态》）

3.3.3　结构形态与建筑环境意向的统一

任何建筑，只有当它和环境融合在一起，并和周围的建筑共同组合成为一个统一的有机整体时，才能充分地显示出它的价值。如果脱离环境，群体孤立的存在，即使本身尽善尽美，也不可避免地会因为失去了烘托而大为减色。结构形态与环境的统一便是实现建筑与环境有机统一的重要手段。结构选形不仅需要充分考虑使用功能的需要，还需要综合考虑地形的客观条件，对于比较开阔的场地，可以使用巨大的空间尺度、完整的体态，借以控制周边的环境；对于场地拥挤局促的情况，结构就需呈收敛的态势，顺应地势的走向，可分割为几个小型的单元，相互之间有机组合；如是山地，就需要因势利导进行布置。建筑空间体量以及组合方式必然会限制结构的选型，而结构形态的设计，也需要根据环境的意向来发挥。

建筑的形态可以影响周围的环境，巨大而完整的形体会让人产生无形的压力，成为周围环境的中心，主宰着周围的一切。很难想象，一个分散琐碎的结构形象如何能够产生雄伟庄严的视觉效果。古埃及金字塔就是运用巨大而完整的形态来实现目的的典范。形态的构成，除了比周围环境要有更巨大的体量尺度和突出的高度外，自身形态的完整也非常重要。因此，在结构形态的表达上也要求具有向心力，如具有升腾向上的动势。在欧洲，教堂所构成的巨大的穹顶或尖顶被看作城市的中心，这得益于其外在形态所具有的以我为中心的向心力。建筑与结构相结合，其形态表达自然，也达到了强调自身地位的目的。

建筑不能脱离环境而存在，人们对它的视觉印象总是和环境关联的。环境的好坏对建筑具有很大的影响，因此大跨度建筑的选址尤为重要。古今中外知名的建筑师都比较重视环境地形的选择和利用，并力求使建筑环境之间获得有机联系。

明代著名造园家计成的《园冶》一书中一开始就强调相地的重要性，并用相当大的篇幅来分析各类地形环境的特点，从而指出在什么样的地形条件下应当怎样加以利用，并可能获得什么样的效果。园林建筑是这样，其他类型的建筑也不例外，都十分注重选择有利的自然地形及环境。通常所讲的"看风水"，脱去封建迷信的神秘外衣，实际上也包含相地的意思。

　　尽管建筑师需要重视建筑的选址，然而很多时候由于客观原因的限制不得不面对不理想的地形或周边环境，尤其是文化娱乐类的大跨度建筑，位于城市中心地段也属常见。这种情况下不得不结合周围已建环境来考虑，例如，地段的大小、形状，交通、朝向等，都会影响建筑的布局以及结构形式。地块形状尽管会制约建筑师的发挥，但却能在某种程度上激发他们的创作灵感，将恰当的结构体形嵌入地块中去，从而实现与环境的有机结合。如北京石景山体育馆，地处三角形地块，建筑总体平面选择三角形就显得恰如其分。在结构形态上，从三边中点伸出的斜撑汇于一点，既构成了结构主体，又在立面上强化了三角形的构图；外伸的3个尖点使双曲屋面充满张力感，使整个建筑显得动静结合，收放自如（图3-7）。

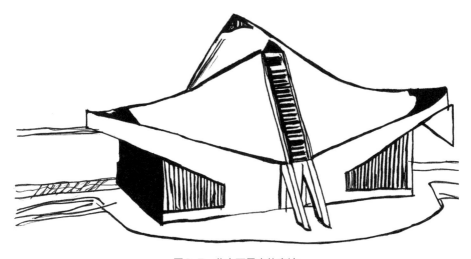

图3-7　北京石景山体育馆

　　在山区或坡地盖房子，还应顺应地势的起伏变化来考虑建筑物的布局和结构形式。如果安排得巧妙，不仅可以节省大量的土方工程，同时还可以取得高低错落的效果。国外建筑师十分注意并善于利用地形的起伏来构思建筑和结构方案，或将巨大的建筑形体部分或全部掩藏于地面以下，以减少对视觉环境的影响。或是与地势取得协调，尽量减小对自然环境的改变。如美国霍克（HOK）建筑设计事务所设计的香港大球场，充分利用坡地地势设计坐席，使坐席部分免去框架支撑，同时，拱形的看台屋顶的选择也比较合适，建筑主体地位更加突出（图3-8）。

图3-8　香港大球场

（图片来源：姚亚雄《建筑创作与结构形态》）

3.3.4　结构形态与现有技术条件的统一

良好的愿望必须要有实现的保证。结构形态也必须以一定的技术支持作背景，才能有所成就。同样，一种结构形态也正反映了与之相对应的技术水平。

结构形态与科学技术的发展密切相关，是一个时代技术发展的产物。新材料的出现必然要求产生新的结构理论、发展新的技术工艺，从而促使新的结构形态不断出现。英国的工业革命使整个物质生产领域改头换面，而工业革命的核心就是技术革命，这直接引发了建筑革命，改变了人们的建筑观念。工业革命产生了各种新材料、新工艺、新技术，这对建筑提出了新的要求，并促进了建筑结构的发展。1851年在伦敦世界博览会出现的新技派建筑水晶宫，便是工业革命下的产物，这种铁与玻璃结合在一起的结构形态已经成功地给未来的建筑实践提供了一种清楚明确的特征。水晶宫体现了一种全新的美学概念，并成为新建筑发展的里程碑。结构形式的推陈出新成为20世纪建筑的根本特征，而这种创新的动力也来自技术领域。人们对钢和钢筋混凝土材料性能的熟练掌握以及新的结构理论和新技术的发展，使新的结构形态逐渐形成并在建筑领域广为运用，并对未来的建筑艺术有着巨大的影响。

几乎所有激进的现代派建筑都应用了钢筋混凝土结构以及它的多样表现形式。在柯布西耶的早期作品中，我们不但能感受到其作品散发出的机器大工业的气息，也能体会出现代技术对人类传统生活行为和方式的根本改变，以及对传统的审美和艺术情感的批判。20世纪60年代第三次科技革命达到高潮，伴随这次革命出现的高技派不仅采用高技术手段，而且在形式上极力表现高技术的结构、材料、设备、工艺以及建造的拆卸或扩展可能等美感。近一二十年，信息技术的发展给建筑带来巨大的影响。这主要体现在一些高新技术进入建筑领域（如智能建筑），这种信息技术的应用和可持续发展的建筑观、环境观的确立，使建筑发展的方向指向了智能化。21世纪是数字化的时代，数字技术应用在建筑领域将会使建筑物的空间构成、建筑设备、营建方式等产生巨大的变化，且会形成一种新的设计理念与结构形式。

然而，在现实中也会出现两种错误的走向，一种是不顾经济条件、文化条件的创新，过分滥用技术，为创而创，为新而新，导致建筑与周围环境文化格格不入，这就是我们通常所说的那种"奇奇怪怪的建筑"；另一种是导致城市千城一面的随处可见的"方盒子"建筑，没有特色，使城市丧失文脉。前一种是对技术能动作用的夸大，后一种则是忘记建筑的艺术创作内涵，成为一种消极的市场产品。

丹麦建筑师伍重在设计悉尼歌剧院时，就将其结构形态定位于壳体结构，然而，由于他对壳体结构在力学性能方面的优劣缺乏技术上的认识，使该项目长期得不到有效的结构技术支持。主要原因在于，薄壳结构的优点是能够将作用于凸面法向的压力化解为面内的分布压力，而竖起来的壳体会在自重作用下产生面外弯距，这对结构十分不利。壳体结构方案无法实现，只能退而求其次，以肋拱结构实现其建筑造型，但表里不一的缺憾却永远被凝固在其中（图3-9）。悉尼歌剧院的建成，与现代计算分析和模型试验手段分不开的，而且施工中还运用了预应力技术。但从结构原理的本质上看，肋拱技术早在中世纪的哥特建筑中就已相当成熟，与哥特教堂相比，二者尖拱的剖面形式和结构作用是完全一致的。

（a）外观

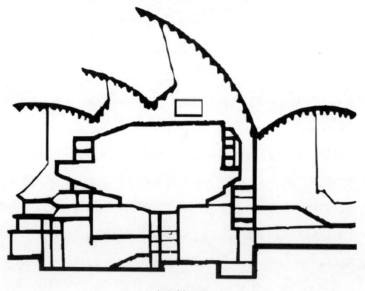

（b）剖面图

　　　　　　　　图3-9　悉尼歌剧院外观及剖面图

3.4 结构形态与建筑形象统一的关键要素

1. 处理好建筑形态与结构受力的关系

从古自今，建筑外部形象体现建筑的内部功能是所有建筑师追求的终极目标，也是评价一栋建筑是否优秀的重要因子。大跨度建筑的设计还需要处理好结构形态与结构受力之间的关系，因为空间越大，结构就越复杂。结构的费用在建筑整体费用中所占比例较大，如果不充分考虑结构的力学性能而进行纯形式主义的结构造型，必然会造成材料的无谓浪费。建筑师们只有踏踏实实地从结构的力学逻辑出发，充分结合建筑形象的思考，寻求最节能的建筑结构与最美的建筑形象之间的结合，才能设计出一个成功的大跨度建筑作品。

2. 处理好结构选型与合理组合的关系

大跨度建筑的结构选形通常会涉及两种及两种以上的形态组合，构成杂交结构体系。在选形搭配时，应该充分考虑受力合理、结构互补的需要，避免重复过度设置。如在体育馆建筑中，屋面的拱结构与悬索结合，刚柔并济，可以发挥各自的优势，同时内部空间的尺度也能与使用功能相协调。日本岩手县体育馆和中国四川省体育馆采用的就是这样的结构，但前者的处理比后者更为妥当，前者的边缘采用圆弧形梁能够最大程度化解弯矩，符合力学逻辑，而后者的弯折梁却要承受更大弯矩，导致梁的体量必须增加，造成材料浪费（图3-10）。

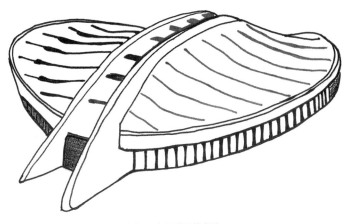

（a）日本岩手县体育馆

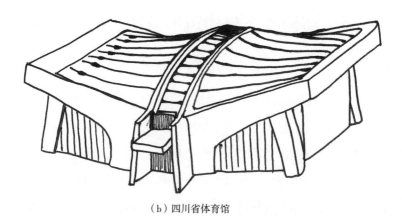

（b）四川省体育馆

图3-10　日本岩手县体育馆与我国四川省体育馆结构受力关系比较

（图片来源：姚亚雄《建筑创作与结构形态》）

3. 选择合适的材料

拱形的空间能够产生一种强烈的向心力和内聚力，其结构多采用网壳结构或混凝土壳体结构；反翘的屋面给人一种轻盈活泼的力量感和速度感，其材料多采用悬索、薄膜等高强轻质抗拉材料，保持稳定作用的构件落在底座的支撑体系上；悬挑较大的开放空间，通常选用轻巧的透空钢架或者薄膜结构，更具轻盈感和时代感。如法国里昂机场铁路客运站，以钢构架塑造内部空间并形成外部悬挑、用混凝土塑造下部异性支撑底座构件，材料的运用和搭配得体，独具特色。

4. 处理好视觉形态与结构形体的关系

人对建筑的审美具有一种完整性的要求，空间形态不完整或是边界之间的关系交代不清楚，会给人一种缺乏整体感的视觉印象。而对于力的传递规律来说，也需要具有清晰明确的传递路径，使结构形态与视觉审美保持和谐统一的关系，避免因迂回曲折而增加结构不必要的负担以及不稳定因素（图3-11）。

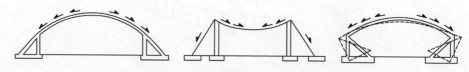

图3-11　空间结构的稳定性与结构受力示意图

5. 处理好构件尺度与空间尺度的关系

贝壳能够承受较大的重量，是因为壳体的受力性能比平面更优秀，但如果把贝壳放大一千倍一万倍，或许它连自己的重量都无法承担。因此，构件的尺度是需要根据空间尺度动态变化的。在设计中不能将构件的尺度简单的放大或缩小来适应相应的空间，而是需要遵循力学的基本逻辑。例如，仿生建筑中我们不能简单的追求形似，而是要从结构的内在合理性去模仿，以追求神似为目标。在模仿贝壳形式的创作上，悉尼歌剧院以其巨大的经济代价及不合理的内部功能给我们上了很好的一课。

第4章

大跨度建筑空间形象创作中的
结构形态表现手法

宇宙中任何物质的结构形态都是在万有引力的作用下逐渐适应并优化而成的，建筑结构形态也应如此。一个优美的结构形态，一定是内在合理力学规律的外部展现。利用结构的形态来表现建筑的形象，不仅是高技派的表现手法，还是塑造大跨度建筑形象的正确途径。在大跨度建筑的形态设计中，设计师应该减少主观的臆断，顺从自然法则，把结构形态设计当成建筑形象的设计来对待。不过，光有良好的愿望是远远不够的，我们还需要切实掌握可操作的技术方法。现有的结构设计体系是以保证建筑设计实现为目的，并不具备形态创新的机制，这就需要代之以结构形态的创作思维和表现手法。

4.1　遵循建筑结构的力学逻辑

评价一栋建筑是否优秀，除形象好、功能合理、绿色低碳等常规评价要素外，还有一个重要的要素就是结构是否遵循了力学传递的逻辑。正如奈尔维所提出的观点——"一个成功的结构不一定成就一个成功的建筑"，但是从古至今，一个成功的建筑必定会有一个成功的结构来支撑。在建筑设计中，设计师需要充分掌握各种结构形态的力学规律，并且善于将结构的力学规律与建筑造型相统一，使建筑无须虚假的装饰，仅需充分发挥结构受力规律本身丰富多变的特点就能获得完美的形象。要做到这一点，对结构的力学规律需要具备最基本的概念性认识。首先我们需要知道，结构中最基本的常规受力方式有受拉、受压和受弯3种状态。受拉产生拉应力，是一种相对稳定的状态，杆件截面产生的拉应力，对整个杆件截面面积和形状的要求是统一的，所以我们在设计受拉杆件的时候，选择截面不变的杆件即可满足受力性能的要求。在保持截面大体一致的情况下，基于特殊美学的要求，可以对杆件进行一定的形态美化，但是如果改变太大，使截面大小差距过大，截面大的那部分材料就不能完全发挥其性能，这就违背了力学原理。对于受压杆件来说，稳定性是需要特别考虑的性能，所以垂直受压的杆件通常取上小下大的形状；对于水平受压的杆件来说，通常中间粗两边细的形态有利于稳定。弯矩是最危险的一种力量，而在建筑构件中，屋顶和梁都是承受弯矩的主要构件，也是最危险的、需要重点关注的部件。对于建筑师而言，搞清弯矩图的内涵，可以帮助我们进行结构形态的构思。

　　比较经典的有伽利略悬挑梁实验图，现在我们来讨论一下它的弯矩（图4-1）。对于悬挑梁来说，作为建筑师，我们可以不必去计算它的弯矩是多少，但是我们需要了解在一些基本的受力状态下，弯矩图是什么样子。悬挑梁弯矩图根部大，端部小，弯矩图处于杆件的上方，代表杆件的截面上面受拉，下面受压；根部弯矩图大，意味着根部所受到的力大，越往外面，截面受到的力就变得越小。现在我们再来思考，什么样的杆件形态是最利于受力的呢，当然是根部厚、端部薄的悬臂梁最有利于受力，也是最节约材料的。如果截面全部一样，那么，必然有些材料不能得到充分利用，所以我们大多数的悬臂构件会选择根部粗、端部薄的形态，这是力学逻辑使然。当然，现实中为了方便也有一些小型的悬臂梁是一样的截面，但是对于大跨度的悬臂构件来说，遵循结构受力逻辑的形态，除了能够节约大量的成本，还能使结构形态更加轻巧。对于建筑师而言，弯矩图的形态比它的数据来得更有意义，巧妙地利用弯矩图的形状，可以帮助我们进行结构构思。

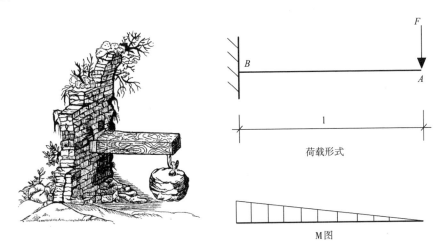

荷载形式

M图

图4-1　伽利略悬挑梁实验图及弯矩图

图4-2是房屋基本构件简支梁的受力情况分析，在楼板施加均布荷载的作用下，梁的弯矩图呈倒抛物线形式，中间弯矩最大，两边弯矩为零。结合受力来对结构形态进行优化分析，就会发现，为了满足弯矩最大的中间部分材料力学要求，等截面的简支梁整个截面的大小要以中间部分的力来计算，然后两端的材料的效能就不能得到充分的发挥，造成材料上的浪费，构件的尺度越大，其浪费就越大。于是结构师开始把简支梁做成三角形或鱼腹形，中间高、两边低，这个形态与弯矩图的形态正好保持一致。然后又把其腹部掏空，变成桁架，把危险的弯矩化成了拉压力。这个演变过程是以力学逻辑为导向进行结构形态设计的典型案例，若这过程中再加上一定的美学目的，就会取得更加丰富的效果。瑞士工程师罗伯特·马亚尔设计的基亚索仓库，就是根据简支梁弯矩图的特点，将结构由简支梁到三角桁架再到具有美学形象的三角桁架的结构生成过程。不仅如此，他还在两

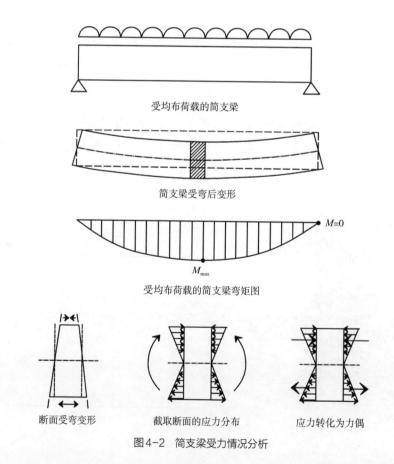

受均布荷载的简支梁

简支梁受弯后变形

受均布荷载的简支梁弯矩图

断面受弯变形　　　　　截取断面的应力分布　　　　　应力转化为力偶

图4-2　简支梁受力情况分析

端柱子的相交处，根据弯矩图的形状，进行了弯矩到压力的化解以及结构形态的优化（图4-3）。他设计的萨尔基那桥也是根据下方支撑拱弯矩图，进行拱形态优化而得到的变截面支撑拱，给人们展现了一种充满变化的视觉形象（图4-4）。

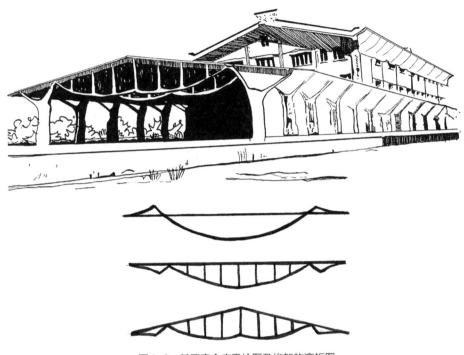

图4-3　基亚索仓库手绘图及桁架的弯矩图

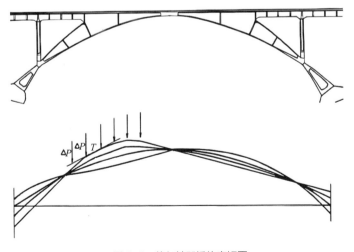

图4-4　萨尔基那桥的弯矩图

结合结构内力分布而做的形态调整，往往会使原本形态简单平稳的结构富有活力。建于1995年的伦敦滑铁卢火车站位于地上、地下轨道交通的交汇点，建筑师采用高大完整的桁架拱作为承力结构兼作建筑形象表现，拱截面呈三角形，由3根钢杆加缀条组成，跨度62.5米，矢高18.5米。拱下悬挂一倾斜的圆形屋盖，直径35米，罩住地下入口，拱与屋面组合，构成一个稳定的结构体系。更为巧妙的是，设计者谙熟拱的内力分布，来自屋盖的偏置集中力使拱内产生正负弯矩，且在拱上出现弯矩为零的反弯点，而他将三根杆中的一根由外侧经该点转向内侧，使弯矩所产生的内部附加压力始终由三根杆中的两根承担，而附加拉力则始终由第三根承担。这样一来，通过截面形式的变化既改善了拱形建筑的形象，又可使结构的内在规律得以生动、合理的展现（图4-5）。同理，德国柏林火车站的顶棚，也是根据弯矩图形状的引导，生成了与弯矩图相似的结构形态，成为另外一个结构形态与建筑形象相统一的成功案例（图4-6）。

日本国立代代木体育馆第一场馆是丹下健三设计的悬索结构建筑。从水平投影上看，第一场馆是由中间的一根钢索，及两边两个一样的近似月牙形体的部分

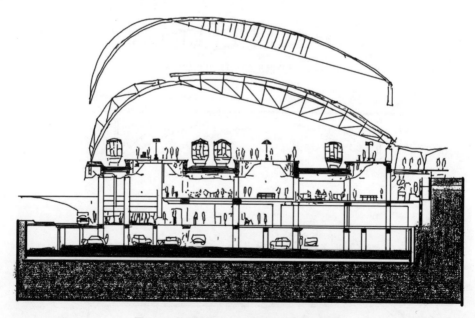

图4-5　伦敦滑铁卢火车站屋面结构及弯矩图
（图片来源：姚亚雄《建筑创作与结构形态》）

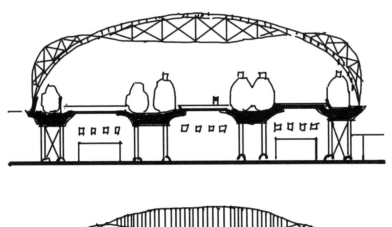

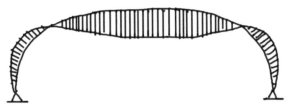

图4-6　柏林火车站顶棚

（图片来源：姚亚雄《建筑创作与结构形态》）

对称反向组合而成的。中间的钢索跨度126米，悬挂在两端的钢柱上，共同构成悬索整体结构的中间最高主骨架。曲屋面由若干截面不一的工字型钢梁构成，钢梁一端悬挂在中间钢索上，另一端悬挂在两侧边缘的弧形钢架上，中间自然下垂形成曲形屋面。在这里，悬挂的工字形钢索并非是完全的悬索结构，而是半刚性悬索结构，每一条钢索上面都承受一定的弯矩。建筑师为了使曲面变化优雅、钢索受力合理，手工计算出了每一条钢索的弯矩图，并发现弯矩图中存在反弯点，即弯矩为零的点，以这一点为界限，两边的钢索受弯的方向正好相反。建筑师充分遵循受力逻辑，以所有反弯点确定的一条直线为曲面的控制线，保持最高悬索线、两侧边缘曲线以及中间零反弯点线不变的条件下，推敲得到曲面的最佳形态（图4-7）。

　　奈尔维设计的佛罗伦萨体育场的看台需要设计一个L型的雨棚，由于雨棚的尺度巨大，悬臂较长，因而自重所带来的弯矩及倾覆力是需要克服的主要荷载。L型构件弯矩图形两端小，中间大，因而结构形态设计时，处理成与弯矩图相似的形式是受力合理的（图4-8）。除了弯矩，雨棚还具有一个往下的自重倾覆力，

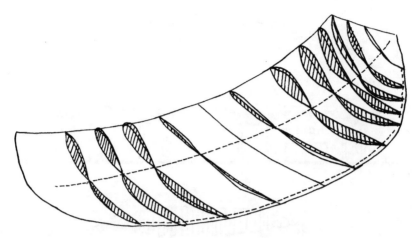

图4-7 日本国立代代木体育馆悬索弯矩图

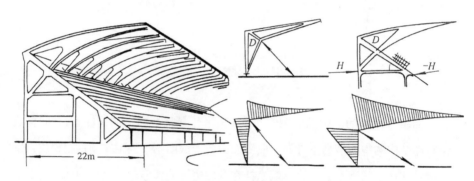

图4-8 佛罗伦萨体育场看台结构图

（图片来源：王心田《建筑结构体系与选型》）

所以需要一个向上的支撑杆件与之平衡。由于体育场本身需要一个座位底座，因而底座正好与雨棚结合形成了抗倾覆力的自我对抗。另外，为了使雨棚根部的材料最节约，自重最小，奈尔维还将弯矩进行拉压力转化的结构处理，从而变成了空心的V型桁架。作为结构工程师，奈尔维充分利用结构的力学规律，创造出一个个令人耳目一新的大跨度建筑，这种看台的结构形态直至今天仍是体育场看台结构的普遍形式。

结构在力的作用下会产生相应的变形。这种变形会使人产生心理上的联想，从而影响到结构形态的和谐美感。如梁在重力作用下会产生向下的挠曲，如果梁上堆了大量重物，既使结构自身变形微乎其微，也会产生心理上的下凹趋势。

克服这一心理感觉的有效手段就是在形态上将结构设计为上凸的形式（图4-9），这样一来，既在形态上有了抵御这种变形的机制，又在心理上实现了变形趋势的平衡。鹿特丹市伊雷斯缪斯斜拉桥主体结构形态的处理也正是利用了这样的心理特点（图4-10）。

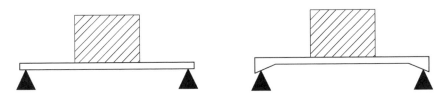

图4-9 抵抗变形的结构形态
（图片来源：姚亚雄《建筑创作与结构形态》）

图4-10 鹿特丹市伊雷斯缪斯斜拉桥手绘图

桥梁是大跨度结构的一种特殊类型，近些年来，随着人们对其外部形象要求的提高，出现了许多展现结构形态美的优秀案例。因为人们的关注点多放在结构的力学合理性和经济实用性上，因而传统的桥梁结构外观形态较为单一和普通。厦漳大桥中的H型支座，垂直于地面放置，结构的重力线与主体结构位于同一个垂直面上，因而结构自身重量不会产生倾覆力，两侧对称或非对称布置拉索实现力的平衡，这是最常选择的力学模式和结构形态（图4-11）。随着时代的发展，人们对桥梁在城市中的形象提出更高的要求，设计师们开始关注结构技术

图4-11　厦漳大桥

和艺术的研究，寻求在符合受力基本逻辑的前提下能呈现出更加丰富优美的结构形态。如海南省海口的世纪大桥的桥梁主体支座将常规的H型优化为A字型，桥下方的柱基作内收的处理，使结构形态看上去更加美观（图4-12）。重庆东水门长江大桥的支座做了圆弧形状的处理，塑造出桥梁从一根柱子中间破洞而出的形象，十分生动（图4-13）。广州猎德大桥在支座的顶端做足文章，创新出了另一种更加新颖的形态（图4-14）。从受力方面来看，以上桥梁的结构力学逻辑都是一样的，垂直支座的自身重量都不产生倾覆力，只需要平衡两侧的悬索拉力即可。可见，在满足此种受力条件之下的支座结构形态有较多发挥空间。此外，利用桥梁主体结构重力作为反倾覆力的手段也能取得更加动感的效果。加利福尼亚州的日暑桥的主体支座设计为倾斜的剑形，依靠结构自身的重力抵抗拉索的倾覆力，结构自上而下根据内力的增加而增加截面宽度，不仅每一处材料都能发

图4-12　世纪大桥

图4-13　东水门长江大桥

图4-14　猎德大桥

挥最大效率，还塑造出了如古琴般的艺术效果（图4-15）。被亲切地称为"南京眼"的步行桥，其支座设计成两个倾斜的椭圆环结构，支座重力也参与到抗倾覆的力学平衡之中，不需要增加额外抗倾覆结构的同时，又取得了良好的视觉效果（图4-16）。我国台湾淡水镇的情人桥正好与之相反，桥支座的倾斜方向与桥面重力拉索的方向一致，这就增加了另一侧抗倾覆结构的负担，从力的自我平衡方面来看是不利的，且也不符合心理上的抗倾覆平衡审美（图4-17）。

　　随着科学技术的进步，利用计算机辅助结构形态设计使形态的推演过程更加便捷。如图4-18所示，南京青奥体育公园跨河桥在结构形态设计时突破了传统的形象，在力学计算的过程中利用多段迭代的设计方法，同时进行着结构性能优化和结构找形，通过反复推演，最终找到力学性能和建筑形象的一个平衡点，实现了以力学性能为主导的结构形态设计。❶

❶ 周艺,邱勇,何文云,等.基于拓扑优化的变参数桥梁结构优化设计 [J].重庆建筑,2022,21(10):
　59-62.

图4-15　日晷桥

图4-16　"南京眼"步行桥

图4-17 情人桥

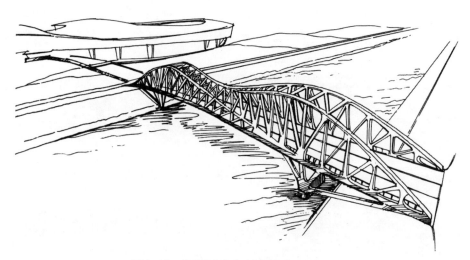

图4-18 南京青奥体育公园跨河桥 赵娜 绘

　　奈尔维的很多作品中都表达了以力学逻辑为导向的结构美学，从小罗马宫的混凝土网格天花，到盖蒂羊毛厂房（图4-19）的混凝土楼板底部那些具有雕刻特质的肋梁，均与荷载分解和传导相一致，取得了优美的视觉效果。

图4-19　盖蒂羊毛厂房

（图片来源：P.L.奈尔维《建筑的艺术与技术》）

4.2　模仿自然界的物质形态

　　"仿生学"一词是1960年由美国人斯蒂尔根据拉丁文"bios（生命方式的意思）"和字尾"nlc（'具有……的性质'的意思）"[1]组成的，这个词语大约在1961年才开始使用。很早，人们就发现大自然精巧的结构和有机节能的形态远比人类自身的发明要先进得多，于是开始虚心向大自然学习，有意识的去模仿大自然。例如，大家熟知的受飞鸟启发发明飞机、受到蝙蝠启示发明雷达，仿生技术推动着人类科技的发展。大自然中的任何生物都是经过长时间的进化而来的，生物为了在残酷的环境中生存下来，不断地优化自己的结构形态，保持一种最节约的结构模式和最有利的外部形态，在结构、形态和功能三方面达到最优而流存于世。

　　建筑仿生设计是建筑设计的一种途径和方法。仿生是以自然界生物的结构形

❶ 亚历杭德罗·巴哈蒙，帕特里夏·普雷兹，阿历克斯·坎佩略. 植物与当代建筑设计 [M]. 王茹，贾颖颖，陈林，译. 北京:中国建筑工业出版社,2019:25.

态和形象为模仿对象，模仿其内在的结构逻辑和外在的形态表达。建筑师通过学习自然界物质形态的建造原理，可帮助启发建筑的材料、结构和形象的发明创新，并在此基础上设计出具有结构仿生或形态仿生的建筑作品。近几十年来，我国的建筑师们也开始认识到仿生手法的优越性，他们观察自然，努力从自然中获取创新灵感，以此推动着建筑技术、建筑材料、建筑造型的创新和发展，创造出一个个优秀的仿生建筑作品。正如休·奥尔德西-威廉斯所述："种种迹象表明以生物象征为基础的新建筑将会更加容易被人们接受。仿生建筑的产生还有另一个原因：强调对自然环境应尽的义务和责任。"❶

4.2.1　模仿宏观的物质世界

自然界中我们肉眼所能观察到的有生命或者无生命的物质形态都可以作为仿生对象，去模仿其结构形态及外观形状，如宇宙星球、山川河流、植物动物、雪花水滴等。为了能够稳定存在，这些物质在地心引力及其他自然外力的作用下，或生物在长期的进化过程中自然而然地形成了最合理、稳定和经济的结构形态。在探索生物结构奥秘的同时，人们开始反思，传统建筑的梁板支承体系实际上是一种不经济的结构形式，而且不能满足现代社会对大跨度空间的需求。于是空间仿生结构帮助建筑师、工程师们解决了难题。观察自然界，我们不难发现，一根芦苇能竿长径小，依靠的是它中空薄壁结构的优良性能；水珠为何是圆形而不是方形或其他形状，是因为圆形是一种集约节能的形态；直径很小的树干能支撑起比树干直径大无数倍的树冠，因为树干和树枝之间构成了一种特殊的悬臂受力体系，树叶中的径络结构特征也具有同样的功能；蜘蛛是天才的悬索结构创造者，蛛丝的直径不到几微米，但编织的蜘蛛网的直径可达几米，有些蛛丝由几股构成丝索，长度可达十余米，蜘蛛网教会人们设计出最经济的悬索结构；乌龟壳的厚度只有2毫米，却能承受50千克的人体压力，足球运动员用头顶疾飞而来的球，承受几十千克的力量而不受伤，正因为乌龟壳与头盖骨都是薄壳结构。这些案例对建筑结构的创新设计都是十分有益的启示。

❶ 黄厚石. 新编设计批评 [M]. 南京：东南大学出版社，2022：476.

图4-20便是受到自然界花瓣形态的启示，利用CAD技术模拟设计的网壳结构
模型。

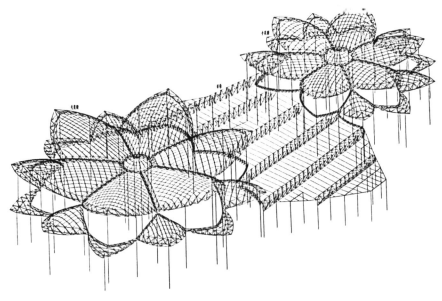

（a）结构透视图

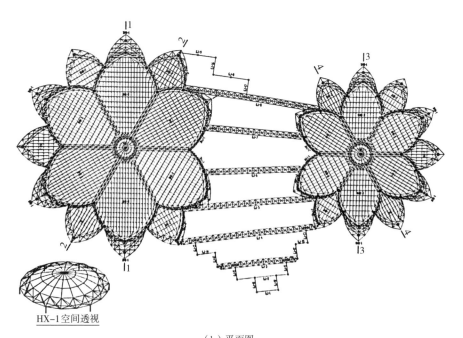

HX-1空间透视

（b）平面图

图4-20　某莲花仿生网壳结构

古埃及金字塔（图4-21）的形象是山体形态抽象的、规则化的体现，传统的窑洞与天然洞穴之间有着结构本质上的相同点。在纽约环球航空公司候机楼的设计中，萨里宁和威廉·加德纳(William Gardnr)根据建筑的功能特点，恰如其分地模仿了一只展翅欲飞的大鸟。在结构上，屋顶采用4个薄壳拼接而成，每一片薄壳都有一条中肋，并且沿着中肋对称。四片薄壳中，一片模仿其头部，两片模仿翅膀，最后一片模仿其尾部。四片薄壳的拼接方式模仿人的头盖骨，中间留出一定的缝隙用于采光。下方的支撑结构为2个Y型柱，犹如鸟的双脚。航站楼从造型立意到结构设计，可谓一气呵成，绝非简单的形状模仿，而是具有结构形态整体思考的形象表达。这个案例告诉我们，在仿生建筑中，仿生并非只是形态的模仿，结构也并非只是建筑的附属，结构形态和建筑形象的相辅相成，才是仿生建筑师们需要追求的目标。

图4-21　金字塔

2008年北京奥运会主体育场——国家体育场（鸟巢）方案（图4-22），就是一个模仿鸟巢结构形态的仿生建筑，该设计在13个投标方案中脱颖而出。自然界中的鸟类是优秀的建筑师，不经任何刻意学习，就能搭建出自己的巢，不仅坚固结实、透气，还能遮风避雨。雅克·赫尔佐格·德梅隆受到鸟巢的启示，将体育场仿照鸟巢的结构形态进行设计，寓意孕育生命的摇篮，寄托着人类对未来的希望。鸟巢建筑的整体结构方式也模拟鸟巢的树枝搭建方式，由交错的钢桁架

图4-22 国家体育场（鸟巢）

"编织"而成，并且外部不加虚假的装饰，直接将结构裸露在外，其外形非常震撼，是结构形态与建筑形象完美结合的仿生案例。❶

国家大剧院的设计师安德鲁受到非洲巨树种子形态的启示，创造出了椭球体的形态，人们亲切地形容它为"巨型鸟蛋"。蛋壳的结构属于薄壁拱壳结构，建筑结构中最接近的是混凝土薄壳，然而混凝土薄壳并不能实现巨大跨度，因而建筑师选用了巨形钢架拱作为主要的受力构件来实现形态上的仿生意向。

印度新德里莲花庙是伊朗建筑师法理博·萨巴（Fariborz Sahba）受到莲花形状的启示，设计出的薄壳结构建筑。花瓣由三层组成，中间一层含苞待放，第二层微微绽开，第三层花瓣反面向下形成建筑入口空间，取之自然，又高于自然，是与功能相适应的艺术化处理。薄壳由白色大理石建成，远远望去，壮丽美观，被喻为"印度的悉尼歌剧院"，是新德里独一无二的标志性建筑（图4-23）。此外，选择莲花仿生也正好契合了印度人的信仰文化。在印度，莲花是印度教和佛教信仰崇拜的对象，是印度人心目中的国花，因此，莲花庙不仅是仿生意义上的成功作品，它已经超越了建筑本身，成为了一种精神的象征。❷

---

❶ 周海燕. 论后现代建筑空间的特征——以国家体育馆"鸟巢"为例 [J]. 城市建筑,2014(2):212.

❷ 杨新雨,王小元. 佛教传统莲花元素在现代设计中的运用 [J]. 美术界,2018(1):75.

图4-23 印度新德里莲花庙

德国斯图加特大学对节肢动物（龙虾）骨骼仿生结构的纤维材料向异性研究，模仿核心骨骼起到传递荷载和支撑的功能，表面的混合环氧树脂和玻璃纤维由机器人协作缠绕固定（图4-24）。

图4-24　德国斯图加特大学仿生纤维材料向异性研究　赵娜　绘

　　图4-25的建筑设计灵感来自对水蜘蛛建造方式的学习。设计师观察到，水蜘蛛可以在悬索状的蜘蛛网中营建一个水泡屋，于是模仿它们用柔软的薄膜模仿水泡，然后在薄膜内部用一种特殊的纤维复合材料按照一定的规律编织起来，如同水泡外部编织的蛛丝。建筑的建造过程使用了机器人编织技术。

（a）水蜘蛛的水泡屋

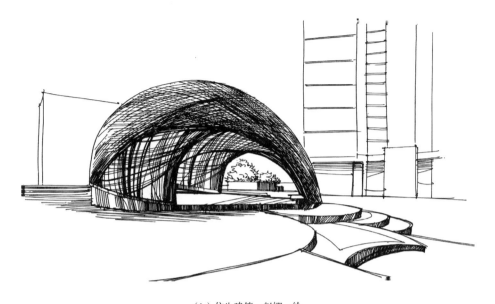

（b）仿生建筑　赵娜　绘

图4-25　水蜘蛛穴巢仿生建筑

4.2.2　模仿微观的物质世界

微观世界的物质形态也可以成为建筑师们模仿的对象，例如，细胞、分子、原子、晶体构成等。如国家游泳中心（水立方）的设计灵感便是来源于气泡和水分子结构形态。气泡是自然界中存在的一种结构形式，最常见的如鱼肚子里面的鱼鳔，它是鱼类游泳深度的调节器，是一种充气的薄膜结构，可以通过气量的大小来调节其大小。充气结构的建筑拥有轻巧、施工快捷、形态自由的优点。"水立方"主体钢结构桁架形态模仿水分子内部结构构成，从受力方面来说，是符合大自然的最优的受力形态。表面灵感也是来源于肥皂泡的启示，在多面体空间钢桁架的表面覆盖上大大小小的ETFE薄膜气枕，用于模仿出肥皂泡大小不一有机组合在一起的自然形态（图4-26）。

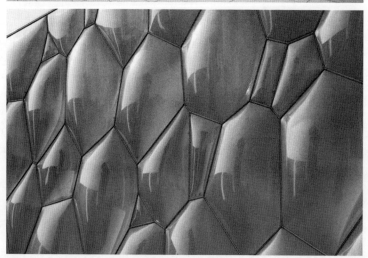

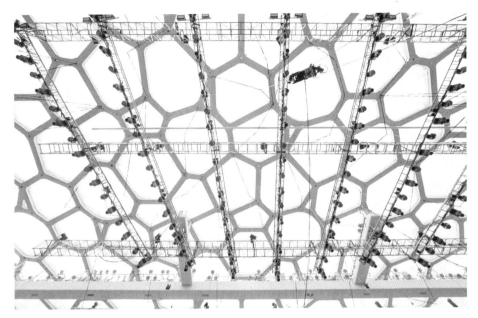

图4-26　国家游泳中心（水立方）

　　"非—人类花园"的仿生模型是由玛丽-昂热·布拉耶尔（Marie-Ange Brayer）和奥利维尔·泽图恩（Olivier Zeitoun）共同策划的"变化—创造"（Mutations-Créations）系列展览中的一个，它是受到生命结构的启示，而对蓝藻细菌群落生命体的一种概念性畅想（图4-27）。

（a）蓝藻细菌群落生命体

图4-27

（b）"非—人类花园"生物数字雕塑

图4-27　蓝藻细菌群落仿生模型

　　建筑仿生是一门妙趣横生的新兴学科，是科学与美学的有机结合。自然界是人们构筑结构形态最好的老师，人类对结构规律的认识源于对自然现象的观察与总结，运用形象思维与逻辑思维相结合的方法，把握各种结构现象的本质和规律，进而创造新的结构形态，这正是我们研究和设计结构形态的重要途径。可以预测，未来人类必将从表面的静态的仿生走向内部的、动态的仿生，大大丰富人类的创造。大自然创造了人，人也能驾驭自然，造就更加精彩世界。

4.3　结构构件外露

结构构件本身具有一定的视觉美学特征，基于受力的需要，单个结构构件形态往往简洁大方。同时，力学的需求也要求结构具备连续性和渐变性，或者将单一简单构件重复，展现韵律感与节奏感，这本身就是形式美法则的基本要素。对于大跨度建筑而言，其结构对建筑形象的决定作用远远高于其他类别的建筑，因而摒弃一切装饰性要素，直接裸露结构构件来表现建筑，成为大跨度建筑形象塑造的手段之一。

回顾历史，约在20世纪中期，结构表现主义盛行，很多大胆的建筑师或结构师有意将建筑结构裸露在外，塑造巨大的体量和棱角分明的造型，或者将结构构件的尺度扩大到比常规尺度大很多倍，直接坦白夸张的表达出来，体现了一种粗野美。这些建筑案例中，结构构件不再像以前一样，仅是实现建筑形象的手段，而是作为一种符号，参与到建筑造型的过程当中，成为表达建筑形象的主体，得到人们的称赞。

力学特征是以结构形态塑造建筑形象的内在依据，结构构件的几何特征是力学逻辑的外部表征，也是参与建筑形态塑造的重要元素。日本建筑师安藤忠雄曾说过"建筑是以几何来表现世界的艺术，一些自身具有一定几何特性的结构构件可像符号和语言一样，起到传递美学信息树立美好形象的作用"。从传统的建筑设计理念来看，结构构件往往处于附属地位。但其实不然，结构构件本身就具备一定的美学特征，在建筑设计的过程中，完全可以使用构件作为符号和语言来进行建筑的表达，达到建筑师的某一种设计意向，给人以特别的视觉冲击。

以结构构件作为建筑表现的建筑，多采用夸张的巨型构架或直接裸露结构构件手法来展现技术美。还有些建筑通过斜拉杆件来体现钢材高抗拉强度的特点，以此呈现出一种力量感和紧张感。由于钢结构构件自身富有一定的表现力，当它裸露在外时，其节点构造自然而然成为其中的表现元素，如古典元素般被赋予特殊的意义，具有明显的造型作用，其先进的工艺水平给建筑师们提供了更多的表现空间。

建筑师圣地亚哥·卡拉特拉瓦（Santiago Calatrava）设计的法国里昂机场铁

路客运站，其结构形态塑造为雄鹰展翅的造型，翅膀由玻璃和钢构成，充分表现出了结构的张拉力量（图4-28）。建筑主体结构为6条拱肋，其中上方的翅膀有4条，翅膀的下方有2条。翅膀上的4条拱肋一端汇聚在一起，形似鹰嘴，另一端顺着翅膀的方向辐射出去。下方的2条拱肋位于翅膀外两拱肋的正下方，从传力路径上来看，翅膀由一系列连续的杆件排列而成，大小均匀变化的杆件的一端将推力传递到内侧的拱肋上，另一端位于外侧拱的上方，将压力传递到外侧两拱肋上，翅膀外侧两拱肋与翅膀下方的两拱肋之间由杆件连接，力量由杆件从上

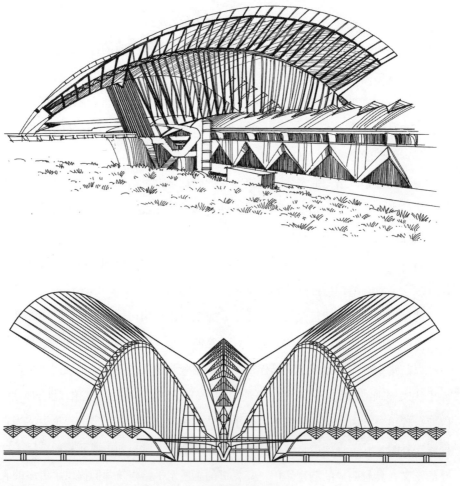

图4-28　法国里昂机场铁路客运站

拱传递到下拱。此建筑结构形态的灵感又似来自某种古生物化石，建筑师在结构力学的处理和建筑造型的结合上可谓是发挥到了极致，无半点虚假的装饰和多余的材料，仅靠结构形态的奇思妙想以及真实结构构件的裸露来展现建筑的艺术表现力。❶

　　结构构件的联系靠节点来完成。无论是传统木结构的榫卯连接，还是现代网架结构的球节点，都发挥着重要的作用。作为结构技术的一种表现手段，节点构造往往是人们视觉的焦点，制作粗糙还是加工精美直接反映出建筑的水准，结构与构造制造到精密的程度时，建筑就有了它的时代感。因为工业化的水平和机械制造的精细程度直接相关，当这种超乎寻常的技术理性在建筑建造中充分表达出来时，建筑及结构也就成为了艺术，如德国柏林索尼中心（图4-29），建筑师把整个结构与结点裸露在外，取得了良好的艺术效果。

图4-29

❶ 西班牙瓦伦西亚艺术科学城的科学馆 / 圣地亚哥·卡拉特拉瓦 [J]. 建筑师, 2017(3) : 146.

图4-29 德国柏林索尼中心

　　马歇·布劳耶（Marcel Breuer）与奈尔维设计的明尼苏达圣约翰大学奥奎恩图书馆，使用了十分粗犷巨大的钢筋混凝土V型支撑，支撑结构裸露在外，不加任何的装饰，展现出了结构自带的形态之美（图4-30）。另外，布劳耶设计的法

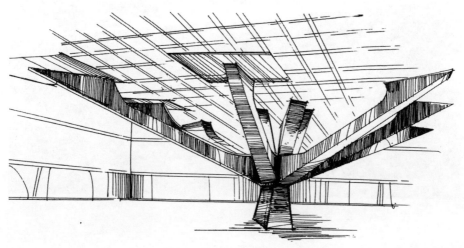

图4-30 明尼苏达圣约翰大学奥奎恩图书馆 赵娜 绘

国拉戈德IBM研究中心（图4-31）、奈尔维设计的位于巴西利亚的意大利驻巴西大使馆（图4-32）、美国建筑师威廉·佩雷拉（William Pereira）设计的加利福尼亚大学圣地亚哥分校盖泽尔图书馆（图4-33），也都采用了同样的手法。

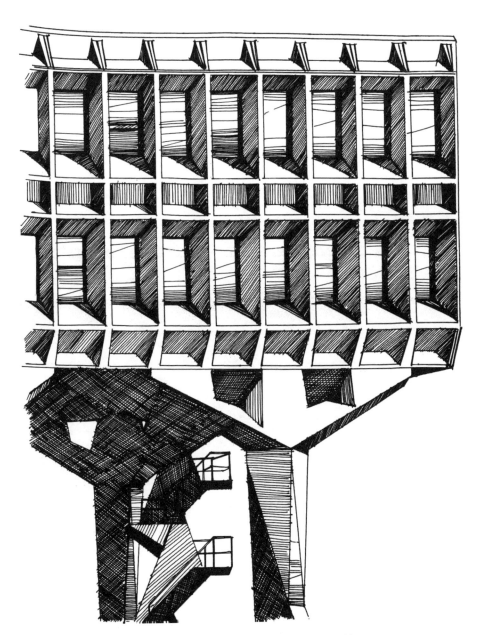

图4-31 法国拉戈德IBM研究中心 赵娜 绘

图4-32　意大利驻巴西大使馆　赵娜　绘

图4-33　加利福尼亚大学圣地亚哥分校盖泽尔图书馆

4.4　几何构图的运用

　　几何图形是最基本的设计元素，几何构图法也是设计师需要掌握的基本设
计技能之一。在以往的一些知名建筑创作中，我们不难看到一些以几何图形来

构图的优秀案例，设计师们借用一些简单的几何形态来塑造建筑形象，能取得出乎意料的效果。最基本的几何图形有圆、三角形、多边形、方形、菱形、双曲抛物面，几何体有圆柱、圆锥、圆球等。在大跨度结构形态设计中，几何构图法大致分为两种，一种是直接用简单单一的几何图形来表达，另一种是利用单个几何图形的一部分或者分解重构的手法构图。几何图形的形态具有抽象美、简洁美、人工美和理性美，由于它们形态简单，且大多可以由直线构件拼接而成，所以对结构设计和施工来说也更方便。尤其对于国外的建筑师而言，他们崇尚人征服自然的理念，善于利用几何形态理性美的特点来作为建筑设计的指导思想。

以双曲抛物面为例，双曲抛物面由一条直线围绕与该直线垂直的直线旋转一圈而形成，它形态丰富但结构构成却比较简单（图4-34）。著名的广州塔（小蛮腰）便是一个典型的双曲抛物面代表（图4-35），通过它便可以非常直观的看到，建筑表面的直线构件绕着其建筑的中心轴线旋转一圈，便能够形成外部优美的曲面，对于施工来说，是极其方便的，因而也是建筑师们喜欢使用的一种基本曲面形式。

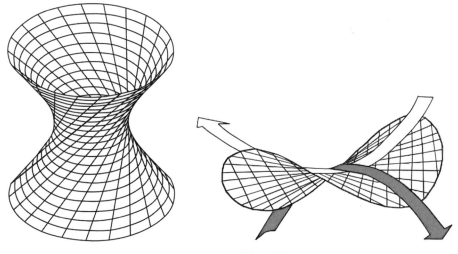

图4-34　双曲抛物面结构

图4-35 广州塔

著名建筑师保罗·安德鲁设计的广州体育馆屋顶是圆锥面的一部分，两块一模一样的曲面对称拼接在一起，屋顶上凸的空间符合体育运动的特点，主体结构采用钢架，结构形态简单，功能与形态和谐统一（图4-36）。

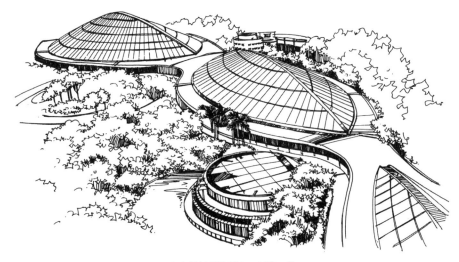

（a）外部结构形态　赵娜　绘

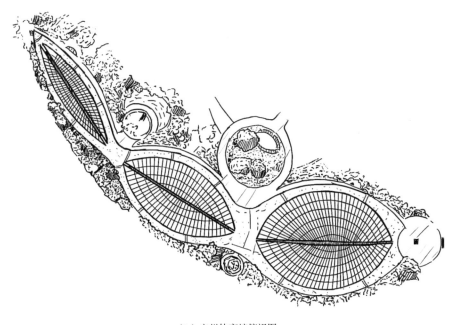

（b）广州体育馆俯视图

图4-36　广州体育馆

新落成的苹果（Apple）新加坡滨海湾金沙旗舰店也是球体几何形结构形态表达的典型代表（图4-37）。设计团队来自苹果设计团队和福斯特建筑事务所。建筑师设计了一个直径30米且带有黑色玻璃底座的全玻璃圆顶结构。大卫·萨默菲尔德（David Summerfield）对项目这样评价："苹果新加坡滨海湾金沙旗舰店是一个游走于透明和阴影之间的项目。我们试图通过这个特殊结构的设计，打破内外空间的边界，从而创造一个漂浮于水面之上的微型平台，并给来访者提供一个欣赏新加坡天际线和海湾的绝佳视角。"苹果滨海湾金沙旗舰店建筑中的钢桁架肋构成了球体纵向网格骨架，成为核心承重构架。

图4-37　苹果新加坡滨海湾金沙旗舰店　赵娜　绘

　　此外，目前已建成的以几何图形构图手法而闻名的大跨度建筑还有很多，如以棱锥构图的卢浮宫（图4-38）、以圆球构图的杭州洲际酒店（图4-39）、以圆形构图的广州圆大厦（图4-40）。

　　几何构图手法尤其是简单的几何构图手法在未来也是极具竞争力的。如目前已获得规划许可待建的伦敦"MSG球体音乐和电竞馆"（图4-41）也是以简单的

图4-38　卢浮宫

图4-39　杭州洲际酒店

图4-40　广州圆大厦

图4-41 "MSG球体音乐和电竞馆" 赵娜 绘

圆球体构图。它是高112米、最宽处约为157米的球形网架结构，建成后将成为伦敦最大的一个室内场馆。该项目的业主为纽约麦迪逊广场花园（MSG）的运营方，选址于伦敦的奥林匹克公园附近。项目基地是一个三角形，周边都是铁路，与西田斯特拉特福德（Westfield Stratford）城市购物中心比邻。球形场馆内部设计有主场馆、餐厅、咖啡店和会员俱乐部，球体覆盖"沉浸式LED表面"，可用来发布广告或是推广未来的演出赛事。

加拿大月球世界度假村公司（Moon World Resorts Inc）的桑德拉·G.马修斯和迈克尔·R.亨德森近期也推出了"月球迪拜项目"的概念设计（图4-42），设想中同样利用完整圆球几何形体去建造一个浮在地面上的高达224米的月球度假村，为人们提供太空旅游的模拟体验。设计师说"它将是一个完全集成的、现代的、豪华的度假村，其中有一个景点，不仅能让客人感受月球行走，还能探索'月球殖民地'，这是属于大众的太空旅游。"拟打造成"世界上最大的球体"。

图4-42 "月球迪拜项目"概念设计

月球度假村概念项目,其球体拟选择钢桁架结构来实现,建筑的外表采用碳纤维复合材料,追求低碳绿色设计的理念。

　　这两个以地球和月亮为畅想的未来星球建筑项目,均是简单的球体结构,从球体形态建筑设计的先驱富勒开始直到现代化的今天乃至未来,几何形体,尤其是简单的几何形体构图手法都是一种永不过时的大跨度建筑表现手法,因为几何形体本身的形态就是统一的、完整的。毫不做作也无任何多余装饰的形态,合理地利用它,能取得很好的整体效果。

4.5　拓扑形的表现手法

　　"拓扑"一词源于英文"Topology",是研究几何图形或空间在连续改变形状后还能保持一些性质不变的的学科，它只考虑物体间的位置关系而不考虑它们的形状和大小。在建筑学领域，对拓扑手法最常见的运用是功能拓扑关系图，即"泡泡图"。例如，某一类建筑的设计，建筑师需要在满足功能拓扑图关系这个不变量的前提下，再去满足其形状、大小、位置、朝向、通风采光和艺术等变量的合理要求。

在大跨度建筑拓扑设计中，除功能拓扑关系之外，力学拓扑关系也是一个重要的方面。设计师需要在保证结构受力合理、传力路线最直接的基础之上，再去寻求最佳的形态，这是符合自然法则的。相比几何图形而言，拓扑形应该是最接近于自然的一种形态，展现的是一种自然有机美。从文化上来看，西方的文化更崇尚人征服自然的精神，因而更热衷于几何形构图，彰显一种几何的理性美，大量的西方建筑师的作品都体现这一点。中国的建筑文化一直以来崇尚的是天人合一、人与自然和谐共处的自然文化观，因而不满足于几何式构图的理性，在建筑设计中常常喜欢追求群体的组合变化关系，或是对几何图形进行变形和改造使其看起来更加自然，充满感性和浪漫。从拓扑学的视角来看，规则的几何形和不规则的几何形之间存在着异形同构的拓扑关系，如一个封闭的图形，无论形状和大小怎样，封闭的特点都是不变的，功能分析时都可以把它抽象为一个点。❶

以拓扑手法来进行结构形态设计，其结构形态的可塑性是非常大的。首先，满足功能和受力最优拓扑关系条件的结构选形或组合具有多样性，这取决于建筑师对结构形式的正确理解以及对建筑形象塑造的自我需求；其次，在结构选形确定之后，对同样的结构形态也有更多的设计弹性空间，例如，网壳结构就有球形网壳、马鞍型网、扭壳等多种形状可以选择。所以在结构拓扑形态设计时，建筑师可以充分发挥自我的艺术创作能力，以寻求满足拓扑关系要求的最佳结构形态。

德国慕尼黑奥林匹克公园在山青水绿、跌宕起伏的自然环境中，形象的定位是首要的，德国结构大师奥托从平面、剖面设计到屋顶结构选形都做了精心的设

❶ 龙凯,王选,孙鹏文,等.连续体结构拓扑优化方法及应用[M].北京:中国水利水电出版社,2022:68.

计，特别是它的屋顶，采用了帐篷膜结构，这种结构不同于一般梁柱结构之处在于，它是空间整体结构，是由骨架与覆盖其上的膜体共同组成的，作为一个整体全部被施加预张力。这一巨大帐篷将主体育场、体育馆和游泳馆全部覆盖在一起，形象自由而富有个性。起伏的形体与周围的丘陵、绿化、湖水自然地结合在一起，以最轻、最省的预张力结构形态给我们以美感，创造了一种非常接近于自然拓扑形的人工室内空间。

法兰克福BMW2000博览会的设计中，建筑师充分响应阳光和水的生态主题，把展区设计成"太阳云"和"水"两个部分，展区中最引人注目的是象征水珠的透明双壳体，水珠是由水表面张力的微妙平衡而形成的，设计师借用拓扑思维，在结构形态设计中相对模糊了尺度概念，把有张力的内在空间构筑在一致的整体秩序内，成功地展现了一滴水珠经过运动即将与另一滴水珠相融的形象。

近些年来，随着计算机技术的发展，建筑结构拓扑优化的领域也成为了一个新的研究热点。一些结构师或建筑师，在建筑概念设计的初期，利用计算机技术，在保持某种限定条件不变的情况下对结构进行拓扑优化，得到了一个较好的建筑形象，并实现了结构受力的最优。结构拓扑优化是在保证结构力学传递的基本原理不变的情况下，通过多次优化计算，模仿自然进化的过程，从而逐渐将某些受力低效的构件去除，留下受力高效的构件，再通过美学思维的介入，达到受力和美学二者兼顾的一种有效方法。这种过程与传统意义上的结构优化不同，更能够创造出意想不到的结构形式。上海喜马拉雅中心（图4-43）、青岛珊瑚桥（图4-44）、澳门新濠天地酒店大楼（图4-45）便是运用拓扑手法表现的大跨度建筑作品。

图4-43

图4-43　上海喜马拉雅中心

　　　　　　　　　　图4-44　青岛珊瑚桥

图4-45　澳门新濠天地酒店大楼

第5章

国内外大跨度建筑结构形态表现案例

5.1 国内案例

1. 湖州喜来登温泉度假酒店：月亮仿形＋几何构图综合表现手法

湖州喜来登温泉度假酒店由MAD建筑事务所设计，外形呈指环型，又因酷似月亮，而被称为"月亮酒店"（图5-1）。酒店位于浙江省湖州市南太湖之滨，也被称为"太湖明珠"，是一家水上七星级酒店。酒店高100米，宽116米，占地约7.5万平方米，投资约1.5亿美元。该建筑除采用对月亮形态的仿形手法外，酒店外观还受到中国古典建筑拱桥的启示，建筑师从拱桥吸取灵感，将建筑与太湖水景巧妙融合，对中国的古典桥文化进行现代化的全新阐释。极富想象力的建筑外观给建筑结构的选形和设计也带来挑战，结构师采用钢筋混凝土核心筒作为建筑的主体结构，顶部的大跨度空间通过拱形钢结构来实现左右两边的连结。酒店

图5-1 湖州喜来登温泉度假酒店

表面被水平的白色铝制环带以及玻璃层层环绕，形成一种错觉和戏剧性。"月亮酒店"在建筑设计上，寻求建筑外形与结构形态的表里合一，没有任何虚假的装饰。在环境设计上，设计师充分利用滨水的优势，表达人与自然和谐共生的理念。建筑与水中倒影相互呼应，白天在阳光的照射下，建筑曲线晶莹剔透，夜晚内部的照明使整个建筑看起来犹如湖面上浮起一轮明月，在与湖中倒影的交相辉映中，展现出了古典与现代交融的艺术气息。

2. 北京奥林匹克塔：树形仿生表现手法

北京奥林匹克塔由设计师杜异设计，塔身采用全钢结构，由5座186~246.8米高的塔组合而成（图5-2）。塔的设计理念来源于"生命之树"，设计师从植物中汲取灵感，一棵棵奥运之"树"从大地中破土而出，5座"树"塔高低各不相同，枝叶在天空向四周散开，以支撑顶部的结构，象征着蓬勃向上的奥运精神。设计不仅体现了仿生学的生态理念，也巧妙地把奥运拼搏精神融入其中。在结构设计上，考虑到荷载、风阻、美学和安装实施等因素，奥运五环采用了镂空设计，使得强风能够通过，同时也节省了用钢量，真正实现了绿色环保。

图5-2 北京奥林匹克塔

3. 中信银行杭州分行总部大楼：裸露结构构件＋几何构图综合表现手法

中信银行杭州分行总部大楼由英国福斯特建筑事务所（Foster & Partners）设计。设计灵感来源于古代的"斗"或"鼎"，寓意"日进斗金"（图5-3）。建筑高度约100米，建筑面积约6.25万平方米，地下有3层，地上有20层。大楼采用了裸露结构的表现手法，创新地采用了对角线托架结构塑造出富有变化的多面切角体，棱角在阳光下折射出光影变化，犹如一颗闪闪发光的金色钻石。它与周边的"太阳"（杭州国际会议中心）和"月亮"（杭州大剧院）交相辉映，成为钱塘江畔的新地标。

图5-3　中信银行杭州分行总部大楼

4. 北京大兴国际机场树形柱：树形仿生表现手法

北京大兴国际机场树形柱由北京建筑设计研究院设计（图5-4）。机场大厅承重柱的形态设计采用了树形仿生手法，8根巨大的C型树柱，曲线优美，成为整个机场航站楼屋顶的重要支撑结构。树形柱顶端与屋顶有机连结，仿佛树冠舒展开来，浑然一体，十分优美。树形柱与屋面连接的部分带有采光功能，白天阳光从天窗倾泻而下，营造了敞亮、通透、舒朗的室内环境，所以白天航站楼内几

（a）结构树正面

（b）结构树背面

图5-4　北京大兴国际机场树形柱

乎不需要灯光照明。C形树柱最大宽度达到了23米，而底部宽度最窄处却只有3米，柱高也各不相同，最高的树形柱达到38.5米，而最矮的树形柱为19.8米，柱高的不同也导致了树形柱的开口截面不同，其抗侧刚度也不同。C形树形柱是不封闭的开口截面，结构师通过大量的理论研究和实验验证，确保了整个树形柱具有足够的竖向刚度、延性以及承载力。8根迥异的树形柱分别承担着不同的荷载，有效提高了房屋的抗震性能。

5. 上海大剧院屋顶：几何图形表现手法

上海大剧院设计方案源于法国建筑设计师夏邦杰（图5-5）。建筑结构为框架剪力墙，建筑高度为40米，受到中国古建筑亭子的启发，屋顶采用两边反翘与天空拥抱的极简几何弧形，寓意"天圆地方"，也象征着灿烂文化的"聚宝盆"。建筑屋顶采用钢结构，有效减轻了自重，下面由6根柱子支撑，下部为混凝土结构组合的不同版块，中间留有空隙，方便钢结构的插入。剧院的外立面由大理石和玻璃组成，整体晶莹透亮，是民族风与现代化的融合。夜间，剧院在光线照射、屋顶组合的光幕、喷水池的水光反射与晶体的立面相互结合的作用下，犹如一个水晶宫。从远处看，屋顶就像一片由白玉雕琢的巨型瓦片盖在一个透明晶莹的建筑立方体上，十分引人注目。

图5-5　上海大剧院屋顶

6. 上海世博会中国国家馆：裸露结构构件、力学综合表现手法

上海世博会中国国家馆（现更名为中华艺术宫）由中国工程院院士何镜堂设

计，其建筑结构形态设计采用了裸露结构构件的表现手法，总建筑面积为16万平方米（图5-6）。场馆的建筑设计灵感来自中国传统木构构件之斗拱，斗拱是中国传统木构建筑的标志性构件，也是古人实现木构建筑屋顶出挑的智慧结晶，是美学与力学、形态与功能完美统一的典范。场馆建筑外形为下小上大的倒梯形，其倒梯形部分借鉴斗拱榫卯层层出挑的结构形式，并且将结构构件完全裸露在外，参与建筑表现。古代斗拱的最大出挑约4米，但结合现代的材料，可以实现更大的跨越。中国馆斗拱最短处出挑45米，斜向长为49米，主体造型展现出了中国式的力量美和结构美。

图5-6　上海世博会中国国家馆（中华艺术宫）

7. 武汉新能源研究院大楼：马蹄莲仿生表现手法

武汉光谷未来科技城的武汉新能源研究大楼（"马蹄莲大楼"）建筑由荷兰荷隆美设计集团公司和上海现代设计集团公司联合设计，总投资5.31亿元，其设计灵感源于马蹄莲花朵，是国内大型的绿色仿生建筑（图5-7）。建筑群由"一枝花朵、五片绿叶、一朵花蕾"组成。大楼主塔高128米，面积达到6.8万平方米，造型为一朵绽开的马蹄莲，周围5个裙楼造型为绿叶，拱卫着主楼，西南角的建筑则像一朵含苞待放的花蕾，其浑身布满金色的"鳞片"，所以也被称为"金瓜"。"马蹄莲"建筑群不仅造型独特、优美，其最大的特点是节能，应用了

图5-7　武汉新能源研究院大楼

中水发电、中水回用、光伏发电、智能电网等节能高新技术，现已获得了中国绿色建筑评价标准最高级别——三星级。

8. 上海保利大剧院：几何构图表现手法

上海保利大剧院位于上海嘉定新城中心区，面朝生态美境远香湖，是安藤忠雄在中国设计的首座大型文化设施项目（图5-8）。剧院建筑形态采用几何形构图的手法，主体为简单的长方体，其表面利用圆柱与之相贯形成圆洞，以使简单的长方体富有变化。该剧院建筑高度为34.1米，总建筑面积约5万平方米。其设计理念为建筑形态与自然环境无间融合。水、光、风等自然元素在建筑空间中交融并织，具有丰富的光影层次，引人遐想。大剧院使用了框架剪力墙结构，在提供灵活空间布置的同时也保证了结构的刚度，通过紧密的计算调整剪力墙的数量和布置，使得结构抗侧刚度沿平面较为均匀，结构质量中心和刚度中心尽量保持一致，有效减少了地震作用下的扭转效应。其外立面采用了现浇装饰性清水混凝土墙，清水混凝土建筑配上轻纱包裹般的幕墙，让建筑在远香湖上若隐若现。大剧院汇集了国际尖端建筑潮流与传统人文美学精神，营造了一个自然、建筑、人类、艺术彼此和谐相处、自在对话的公共艺术交流空间。

图5-8　上海保利大剧院

155

9. 长沙梅溪湖国际文化艺术中心：芙蓉花瓣仿生表现手法

长沙梅溪湖国际文化艺术中心由扎哈·哈迪德事务所设计，总投资28亿元，总建筑面积12万多平方米，其造型犹如一朵朵美丽的芙蓉花在梅溪湖畔绽放（图5-9）。该艺术中心包含一个当代艺术美术馆、一个大剧院以及一个多功能大厅。这3个大型空间各具特色且各自独立，它们可以在不同时间进行开放，确保无论白天黑夜，都充满空间活力。演绎中心以场地周边的人行流线作为设计参考，建筑与周边的社区有机连接，不仅为活动中心提供梅溪湖景观，也为市民提供了前往湖中岛与公园的捷径。演绎中心的屋顶采用了不规则钢网架结构，钢结构用钢量约2.2万吨，玻璃幕墙的面积约7万平方米，由异形曲面幕板玻璃组成，每一块的玻璃大小尺寸都不一样。整个建筑从内到外，从结构到形态，从功能到美观均实现了有机统一，是湖南省规模最大、功能最全、全国领先且国家一流的文化艺术中心。

图5-9　长沙梅溪湖国际文化艺术中心

10. 广州大剧院：岩石仿形、裸露结构构件综合表现手法

广州大剧院位于广州新中轴线上，东接广州图书馆和广东省博物馆，西临美国驻广州总领事馆，北靠广州国际金融中心，南望海心沙和珠江（图5-10）。大剧院方案由扎哈·哈迪德建筑事务所设计，旨在为广州市建立一个新的城市文化焦点。其构思方案为"圆润双砾"，其设计理念为江畔被水长期冲刷而自然形成的圆润"砾石"。独特的双砾设计加强了城市的功能，以开阔的姿态拥抱珠江两岸，并且与新城区相呼应。广州大剧院建筑面积约7.3万平方米，建筑高度约34.1米，总占地面积约4.2万平方米，包含了歌剧院、当代美术馆、实验剧场和3个排练厅。采用的建筑结构是"铸钢结构"，外立面由5000多块玻璃以及75000块石材组成，大小相同但形状各异。其内部没有垂直的柱子，也没有垂直的墙，采用不规则的几何形体设计，整个外形和结构浑然一体，从空中俯视，犹如一颗海边被水冲刷圆润且形态自由的岩石，自然和谐。

图5-10 广州大剧院

11. 哈尔滨大剧院：拓扑形、裸露结构构件表现手法

哈尔滨大剧院由MAD建筑事务所的创始人马岩松设计，采用了不规则的拓扑形结构形态，是哈尔滨有史以来规模最大、水准最高以及功能最完善的标志性文化建筑（图5-11）。其设计灵感源于其千里冰封的气候特征与环绕周围的湿地自然景观，整个建筑依水而建，犹如从湿地中破土而出，似雪山一样绵延起伏，与其地貌特征相呼应，是一处人文、艺术、自然相互融合的大地景观。大剧院外形采用不规则的流线形飘带形态，飘带的造型由多种结构组成，包括单层网壳、双层网壳、折梁结构。据了解，哈尔滨大剧院的项目设计、建设难度以及工艺复杂性在全国乃至全世界都是极具挑战性的，其中部分设计元素是世界首创，成功填补了国内剧院建设的诸多技术空白。作为公共建筑，大剧院从剧院、广场、景观以及立体平台多方位给市民以及游客提供不同的空间感受。为了满足观光和观演的需求，大剧院采用了世界上首创的将自然光引入剧场的方式，极大满足了非演出时段的照明，创新了节能环保的新模式。在设计过程中，设计师巧妙地在大剧场设置了特有的观景平台和人行观光环廊，游客可俯瞰周边湿地，领略哈尔滨独特的自然湿地风光。哈尔滨大剧院洁白的建筑外观与这座冰雪之城相互呼应，其内部装饰也让人有一种置身于冰雪世界的体验。

图5-11

图5-11　哈尔滨大剧院

12. 佛山世纪莲体育中心：仿生、裸露结构构件、力学综合表现手法

佛山世纪莲体育中心坐落于佛山市顺德区乐从镇，始建于2004年，历时两年建成，包含体育场、游泳跳水馆、足球场等设施（图5-12）。由德国的设计公司GMP进行设计，工程总投资额9.39亿元，主体设施为游泳跳水馆与体育场。其中体育场是体育中心的主要建筑，知名的"世纪莲"名称就是来自这个形似莲花的体育场。其灵感源于一朵绽放摇曳的莲花，佛山世纪莲体育中心的体育场就像一朵巨型莲花，绽放在佛山东平河畔上，象征着佛山朝气蓬勃的活力和生活。主体育场内是一个足球场，绿草如茵，犹如荷花的花芯。其遮阳棚像一片片花瓣向四周展开。该体育场的建筑面积约7.8万平方米，高50米。它的主体结构为圆形，屋盖采用膜结构，外径为310米，内径为125米。内环通过10根直径为8厘米的钢索组成受拉环。外环为受压环，分为上下两层，上层直径310米，由直径为1米的钢管混凝土组成，下层直径275米，由直径为1.4米的钢管混凝土组成，两层钢环之间间隔20米，中间通过钢管混凝土斜柱连接起来，形成了一个倒圆台形。

图5-12   佛山世纪莲体育中心

13. 珠海大剧院：贝壳形态仿生

珠海大剧院由设计师陈可石教授主持设计，设计灵感源于一种独特的海洋生物——"日月贝"，寓意"珠生于贝，贝生于海"的城市品位。珠海大剧院由一

图5-13

图5-13 珠海大剧院

大一小两组"贝壳"构成建筑的整体外部形象,白天在阳光的照射下,如海边的贝壳散发出洁白的光芒,夜间在灯光的映射下又如月光般晶莹剔透,无论从任何角度欣赏，都是一件杰出的艺术品。剧院周边的景观在设计上以鱼鳍作为创意灵感，进一步强化了滨海建筑的特色。作为项目的点睛之笔，游客可以从剧院的观光长廊上看到野狸岛四周的山海景色。剧院主体结构为框架式，外形采用钢网壳结构包裹核心剧场区，为剧场提供竖向交通和配套功能用房。大剧院的设计方案突显了其艺术价值和原创性，成为珠海的一个标志性建筑。

14. 杭州奥林匹克体育中心体育场：花瓣仿生表现手法

杭州奥林匹克体育中心体育场因外观像莲花而被称作"大莲花"，其建筑造型由28片大花瓣和27片小花瓣组成，大小不同的花瓣各成单元（图5-14）。花瓣与花瓣之间交错排布，形态动感飘逸，并从杭州丝绸纹理、纺织体系和钱塘江水的形态中取意，拥有简单明了的花瓣单元。"花瓣"之间的留白酷似中国传统建筑中的景窗。外部空间和内部空间通过新式"落地景窗"产生呼应。这种借景的方式赋予了"大莲花"钢结构框架下独特的古典浪漫气息。"大莲花"对穿孔金属板的运用是该体育建筑中的生花"妙笔"，在不同的时间、不同的季节以及不同的光影下，光线透过这层半透明罩棚，体现出"大莲花"的温婉和灵动。总建筑面积为22.9万平方米，包含地上6层和地下1层，有80800个座位，总投资金额25亿元，预计使用寿命100年。"大莲花"由钢结构制成，整个钢罩长约

图5-14　杭州奥林匹克体育中心体育场

333米，宽约285米。钢结构总用钢量2.8万吨，比国家体育馆"鸟巢"用钢量还少1.4万吨，这是由于国家体育场与内部结构的看台是分开的，而"大莲花"的看台则是与主体结构相连接。

15. 天津滨海新区文化中心：树形结构仿生表现手法

天津滨海新区文化中心五馆一廊中的文化艺术长廊由冯·格康、玛格及合伙人建筑事务所联合设计（图5-15）。建筑师从特殊的设计需求出发，实现了一种崭新的建筑类型，即一座被置于巨大屋面下的文化广场，表达了"艺术长廊"的理念，其树状的结构柱成为了鲜明的建造构成元素。艺术长廊由26个高30米的树形钢柱结构支撑，树形柱独特的结构为滨海新区文化中心增加了高端大气的形象感。

图5-15　天津滨海新区文化中心

16. 天津文化中心长廊：树形结构仿生表现手法

天津文化中心长廊矗立在天津自然博物馆前的水面上，整条长廊笔直地通往天津自然博物馆，且与博物馆相嵌合，具有较强的仪式感（图5-16）。长廊结构使用了树状钢架柱进行支撑，树形柱由11根钢管构成，钢管下部集中形成"树干"，上部向周围伸展开来形成树冠，树冠的顶端由1根圆钢管连接起来，长廊屋顶置于圆管之上。树形柱的设计为长廊增加了独特的现代感和设计感，给来往的行人带来了美好的体验。

图5-16　天津文化中心长廊

17. 深圳欢乐海岸雕塑：树形结构仿生表现手法

深圳欢乐海岸雕塑位于深圳欢乐海岸曲水湾内，其雕塑造型采用植物仿生的手法，模仿一种蓬勃生长的阔叶类植物茎叶形态，在设计上融入了中国传统建筑文化元素，加上经典中国红，形成一道美丽的风景线。

图5-17　深圳欢乐海岸雕塑

18.上海梅赛德斯-奔驰文化中心：贝壳形态仿生表现手法

上海梅赛德斯-奔驰文化中心由华东建筑设计研究院设计，其外观呈飞碟形，在不同的角度和不同的时间观察建筑都会呈现出不同的视觉效果（图5-18）。白天时犹如"时光飞梭"，又似"艺海贝壳"，夜晚时梦幻迷离，恍如"浮游都市"。其"飞碟"外形，寓意着面向未来昂扬向上的豪迈气概，也标志着对美好未来的憧憬。建筑以西北方向的卢浦大桥作为底景集中式布局，其柔和的建筑形态巧妙地融于滨江公园绿地之中，与世博会庆典广场进行形态交融和有机结合。梅赛德

图5-18　上海梅赛德斯−奔驰文化中心

斯−奔驰文化中心原为世博演艺中心，在世博会结束后，与世博会文化中心、中国馆和世博轴等一轴四馆变成了上海世博会的永久性展馆，直到今天也一直保留沿用。

5.2　国外案例

1. 阿拉伯塔酒店：帆船形态仿形表现手法

阿拉伯塔酒店，别称迪拜帆船酒店，由英国设计师汤姆·赖特（Tom Wright）设计，是第一个七星级酒店。帆船酒店最初的创意是由阿联酋国防部长、迪拜王储阿勒马克图姆提出的，后经过上百名来自全世界的设计师的奇思妙想，用5年的时间缔造。酒店外观酷似帆船，被亲切称为"帆船酒店"。酒店建在距离沙滩岸边280米远的人工岛上，位于波斯湾内，仅有一条弯曲的道路连接陆地，以金碧辉煌、奢华无比著称。该酒店一共有56层，321米高，在酒店的顶部设有一个由建筑边缘伸出的悬臂梁结构的停机坪。帆船酒店独特的外形也成为了迪拜的标志性建筑，使人们一看到帆船的形状就能联想到迪拜这个国家。

图5-19　阿拉伯塔酒店

2. 阿利耶夫文化中心：拓扑形表现手法

阿利耶夫文化中心坐落在阿塞拜疆首都巴库，是以阿塞拜疆总统名字进行命名的一座现代化建筑，建筑位于一座山坡上，四周为绿地和广场，基地面积超过11万平方米（图5-20）。该文化中心设计者是扎哈·哈迪德，延续了他一贯的设计风格，采用了拓扑不规则的自然形态。其设计理念源于巴库这座城市原始的自然风貌——绵延的沙漠伸入海浪深处，一道道优美的曲线从地面上展开，表现了几何线条的优雅抽象之美，形成了一个有机而动感的形态。阿利耶夫文化中心不仅是一个多功能的文化中心，其建筑自身弯曲起伏自由的形态，还成就了自然与人文相结合的景观，突破了纪念碑式庄严的建筑风格，成为当地的新地标。

（a）正面图

（b）侧视图

图5-20　阿利耶夫文化中心

3. 西班牙瓦伦西亚艺术科学城

西班牙瓦伦西亚艺术科学城主要包括天文馆、IMAX影院以及激光表演剧场、菲利佩王子科学馆、索菲娅王后艺术馆、欧洲最大的海洋馆和金色堤坝大桥。

（1）西班牙瓦伦西亚艺术科学城天文馆：裸露结构构件、眼睛形态仿生、力学综合表现手法。

瓦伦西亚艺术科学城天文馆是卡拉特拉瓦在家乡完成的作品之一，其建筑造

图5-21 西班牙瓦伦西亚艺术科学城天文馆

型为半橄榄形，长110米，宽55.5米，真正的球形主体天文馆则被覆盖在该橄榄型的透明拱形罩下。在拱形罩的一侧，一个巨大的门上下开启和闭合时，其内部的天文馆就会裸露出来，就像眼帘一样，结合周围的玻璃底水池来看，便会产生一只眼球的视觉效果，因而该天文馆也被称作"知识之眼"。

（2）西班牙瓦伦西亚艺术科学城菲利佩王子科学馆：裸露结构构件、生物骨骼形态仿生、力学综合表现手法。

菲利佩王子科学馆由卡拉特拉瓦设计，该科学馆的体量巨大，长度为241米，宽度为104米（图5-22）。其设计灵感来源于动物的骨骼，整个结构有着犀利的几何形状，由极具韵律感且对称的三角形斜拉构件重复交叠后形成了整个建筑，十分引人注目。远远看去，菲利佩王子科学馆犹如一具巨大的恐龙骨骼静静地伫立在水面上，十分震撼，凸显了科学博物馆的主题——幻想和创新。

图5-22 西班牙瓦伦西亚艺术科学城菲利佩王子科学馆

（3）西班牙瓦伦西亚艺术科学城悬索桥：裸露结构构件、力学综合表现手法。

坐落在西班牙瓦伦西亚艺术科学城前的悬索桥也是卡拉特拉瓦的作品（图5-23），它的主体受力结构为一个弧形的构件，高达125米，其倾斜方向与受力方向相反，使自身重量能够抵抗桥的自重，从而大大减轻了支座的力学负担，不仅顺应了力学的逻辑规律，其形象也挺拔纤巧，如一把巨大竖琴竖立在地面上，散发出独特的艺术气息。

图5-23　西班牙瓦伦西亚艺术科学城悬索桥

（4）西班牙瓦伦西亚艺术科学城索菲娅王后艺术馆：裸露结构构件、力学表现、鲨鱼仿生综合表现手法。

索菲娅王后艺术馆于2005年建成并投入使用，得名于西班牙索菲娅王后，艺术馆面积约1.2万平方米，高度超过70米，用于各类戏剧、歌剧和音乐表演，其设计者也是卡拉特拉瓦（图5-24）。艺术馆的外形设计酷似鲨鱼的头，富有科幻感和想象力，与科学艺术城的定位相吻合，是利用仿生手法的途径创作出来的艺术佳品。

图5-24　西班牙瓦伦西亚艺术科学城索菲娅王后艺术馆

4. 新加坡路易威登旗舰店：裸露结构构件、几何图形综合表现手法、帆船仿形

　　新加坡路易威登旗舰店由建筑师莫瑟·萨夫迪（Moshe Safdie）设计，位于新加坡滨海湾金沙综合度假村，于2011年建成，是全球唯一一座岛屿型旗舰店，建筑面积约为2.5万平方米（图5-25）。由于临海，设计师以航海为主题，建筑造型酷似在海上的风帆，矗立在水湾之上，成为又一个崭新的地标性建筑。建筑主体结构采用钢桁架，外表覆盖玻璃幕墙，300个特别的幕布嵌板都采用了防紫外线薄膜覆盖，最大程度地满足了店内的采光，也防止了室内展品受阳光照射。旗舰店座落在海湾之间，白天时建筑内的游客可以饱览海上的景色，夜晚时建筑闪闪发光，透过玻璃可以直接看到内部的结构骨架，整体效果通透明亮，犹如一座晶莹剔透的水晶宫。

图5-25 新加坡路易威登旗舰店

5. 新加坡滨海艺术中心：仿生、结构构件裸露、力学综合表现手法

新加坡滨海艺术中心由缔博建筑事务所与英国的迈克尔·维尔福特公司合作设计，其外观设计采用仿生的手法，整个建筑像一颗全身披刺的金色榴莲，因而被称为"大榴莲"，与东南亚热带风情相契合（图5-26）。建筑结构为钢网架结

图5-26 新加坡滨海艺术中心

构，表面覆盖玻璃，"榴莲壳刺"由一片片金属板组合，在太阳的照射下，金属板会呈现各种奇妙的光影变化。艺术中心采用了泛光照明的方式，白天时，一颗巨大的榴莲让人垂涎欲滴，到了夜间时分，又如闪闪发光的金色艺术品，极富表现力。

6. 新加坡金沙艺术科学博物馆：花瓣形态仿生表现手法

新加坡金沙艺术科学博物馆由世界著名建筑师莫瑟·萨夫迪（Moshe Safdie）设计，建筑面积约0.6万平方米，其建筑形象仿佛一朵水面绽放的莲花，又如张开的十根手指，被喻为新加坡"欢迎之手"，极具雕塑感（图5-27）。博物馆总共拥有21个自然光画廊，每个"手指"的设计均呈现出不同的画廊空间，指尖处设置了巨大的天窗，为馆内提供充足的自然光。建筑外立面选择了双重曲面的纤维增强复合材料，这种复合材料为建筑带来了无缝流畅的立面效果。博物馆结构由10根柱子配合建筑斜肋构架现场装配而成，其中最高的"手指"结构距离地面60米，是结构、功能和形态和谐统一的优秀建筑设计作品。

图5-27

图5-27　新加坡金沙艺术科学博物馆

图片索引

参考文献

著作

[1] 龙凯,王选,孙鹏文,等.连续体结构拓扑优化方法及应用 [M].北京:中国水利水电出版社,2022.

[2] 黄厚石.新编设计批评 [M].南京:东南大学出版社,2022.

[3] 何子奇.建筑结构概念及体系 [M].重庆:重庆大学出版社,2021.

[4] 赵中伟,张霓.树状结构拓扑优化及找形算法研究 [M].沈阳:辽宁科学技术出版社,2021.

[5] 张晓鹏,亢战.结构动力学拓扑优化理论与方法 [M].大连:大连理工大学出版社,2020.

[6] 顾馥保.建筑形态构成 [M].武汉:华中科技大学出版社,2020.

[7] 戴航,王倩.从范式到找形:建筑设计的结构方法 [M].南京:东南大学出版社,2019.

[8] 王鹤.植物仿生公共艺术 [M].北京:机械工业出版社,2019.

[9] 亚历杭德罗·巴哈蒙,帕特里夏·普雷兹,阿历克斯·坎佩略.植物与当代建筑设计仿生建筑设计丛书 [M].王茹,贾颖颖,陈林,译.北京:中国建筑工业出版社,2019.

[10] 任丽俊.大院建筑与文化艺术 [M].长春:吉林美术出版社,2018.

[11] 郭屹民.结构制造:日本当代建筑形态研究 [M].上海:同济大学出版社,2016.

[12] 徐守珩.当代建筑先锋之策 – 异质共生 [M].北京:机械工业出版社,2016.

[13] 戴航,张冰.结构·空间·界面的整合设计及表现 [M].南京:东南大学出版社,2016.

[14] 董宇,刘德明.大跨建筑结构形态轻型化及表现 [M].北京:中国建筑工业

出版社, 2015.

[15] 周克民. 类桁架材料模型及结构拓扑优化 [M]. 北京: 国防工业出版社,
2015.

[16] 孟建民. 城市中间结构形态研究 [M]. 南京: 东南大学出版社, 2015.

[17] 季翔, 艾学明. 公共建筑设计 [M]. 南京: 东南大学出版社, 2015.

[18] 边炳传. 屈曲约束的结构拓扑优化及应用 [M]. 武汉: 华中科技大学出版
社, 2014.

[19] 李虎. 膜结构建筑形态研究 [M]. 北京: 中国建筑工业出版社, 2014.

[20] 黄滢. 师法自然: 建筑仿生设计 [M]. 武汉: 华中科技大学出版社, 2013.

[21] 卫大可, 刘德明, 郭春燕. 建筑形态的结构逻辑 [M]. 北京: 中国建筑工业
出版社, 2013.

[22] 张哲. 少儿百科探秘: 奇妙的仿生 [M]. 北京: 现代出版社, 2013.

[23] 广州市唐艺文化传播有限公司. 建筑崛起·走向未来: 仿生、绿色、科技、
创意 [M]. 长沙: 湖南美术出版社, 2012.

[24] 罗曼. 当建筑遇见仿生 [M]. 哈尔滨: 黑龙江美术出版社, 2012.

[25]《神奇的仿生学》编写组. 神奇的仿生学 [M]. 广州: 世界图书出版公司,
2010.

[26] 何炯德. 新仿生建筑: 人造生命时代的新建筑领域 [M]. 北京: 中国建筑工
业出版社, 2009.

[27] 许启尧. 仿生建筑 [M]. 北京: 知识产权出版社, 2008.

[28] 威廉斯. 当代仿生建筑 [M]. 卢昀伟, 苗苗, 刘静波, 译. 大连: 大连理工大
学出版社, 2004.

[29] 王心田. 建筑结构体系与选型 [M]. 上海: 同济大学出版社, 2003.

[30] 海诺·恩格尔. 结构体系与建筑造型 [M]. 林昌明, 罗时玮, 译. 天津: 天津
大学出版社, 2002.

[31] 张建荣. 建筑结构选型 [M]. 北京: 中国建筑工业出版社, 1999.

[32] 彭一刚. 建筑空间组合论 [M]. 2 版. 北京: 中国建筑工业出版社, 1998.

[33] 刘永德. 建筑空间的形态·结构·涵义·组合 [M]. 天津: 天津科学技术出

版社,1998.

[34] 戴君惕.奇异的仿生学 [M].长沙:湖南教育出版社,1997.

[35] 彭一刚.创意与表现 [M].哈尔滨:黑龙江科学技术出版社,1994.

[36] 虞季森.中大跨建筑结构体系及选型.北京:中国建筑工业出版社,1990.

[37] 温家平.仿生与体育趣谈 [M].北京:人民体育出版社,1987.

[38] 西格尔(C.Siegel).现代建筑的结构与造型 [M].成莹犀,译.北京:中国建筑工业出版社,1981:4.

[39] P.L. 奈尔维.建筑的艺术与技术 [M].黄云升,译.北京:中国建筑工业出版社,1981:1.

期刊

[1] 李海清,郭文搏,朱镇宇.转译"大屋顶"的可能性及其挑战——华西协合大学校园建筑设计的跨文化形式表达 [J].建筑学报,2022(9):103–107.

[2] 陈平友,陈文明,彭志桢,等.长沙体育中心体育馆结构设计 [J].四川建筑,2022,42(4):30–32,37.

[3] 钟亚军,彭国之,王红玉,等.大悬挑罩棚环形体育场结构设计 [J].建筑结构,2022,52(15):45–50.

[4] 韩忠磊,林康.双层钢桁架桥梁结构受力分析 [J].交通世界,2022(14):159–161.

[5] 高英,刘丙宇,刘宁,等.不规则双曲面壳体结构施工技术研究与应用 [J].建筑技术,2022,53(4):430–433.

[6] 周晓涛,马小飞,李欢笑.柔性张拉薄膜可展开空间天线研究现状与发展趋势 [J].中国空间科学技术,2022,42(4):77–91.

[7] 孙明宇.超越尺度:大跨壳体建筑的微结构仿生设计研究 [J].建筑学报,2022(2):28–33.

[8] 姜涛.基于结构化美学体系的道路桥梁设计 [J].建筑结构,2022,52(2):173–174.

[9] 肖魁,贾水钟,贾君玉,等.上海图书馆东馆悬挂结构方案设计与研究 [J].

建筑结构,2022,52(1):1-6.

[10] 白若冰.建筑结构形式选择的实践与探讨[J].福建建筑,2022(2):101-107.

[11] 陈朝晖,龙灏.在力的汇聚与传递间定义和塑造空间—奈尔维的古典与现代[J].时代建筑,2022(1):176-180.

[12] 周艺,邱勇,何文云,等.基于拓扑优化的变参数桥梁结构优化设计[J].重庆建筑,2022,21(10):59-62.

[13] 黄泽斌,肖雅丹,王奇文,等.城市景观桥梁群地域性美学研究[J].中外建筑,2022(10):40-45,17.

[14] 曾尉萍.景观桥梁设计中地域文化与桥梁美学的融合研究[J].城市道桥与防洪,2022(4):101-104,111,16.

[15] 刘德,代亮,佟欣馨.从长江岛城到丝路长安——扬中奥体中心与陕西奥体中心体育馆设计[J].城市建筑空间,2022,29(3):20-25.

[16] 纪盈舟.桥梁美学设计原则及应用浅析[J].中国水运,2022(2):153-156.

[17] 黄斌,茅兆祥,徐祖恩,等.山区高墩矮塔斜拉桥结构与美学设计[J].世界桥梁,2022,50(1):13-18.

[18] 张弛.浅析中国元素在"结构美学设计"中的融合与应用[J].大众文艺,2022(1):47-49.

[19] 董兆海.大剧院主体结构设计要点概述[J].建筑结构,2021,51(S2):166-170.

[20] 李清朋,吉国华,王峥涛.基于力学生形原理的参数化设计及其数字化建造[J].中外建筑,2021(10):2-6.

[21] 崔海东,杨开,李曼.建筑与结构的互成[J].建筑技艺,2021(S1):108-113.

[22] 居炜,周游,陆秀丽.云南大剧院外围大跨拱形钢结构设计[J].建筑结构,2021,51(S1):524-530.

[23] Fallon F.苹果新加坡滨海湾金沙旗舰店[J].世界建筑导报,2021,36(2):66-69.

[24] 沈宇驰,王建国.互动式的建筑结构概念找形——基于三维图解静力学

[J].建筑学报,2021(1):98–104.

[25] 陈卓.钢屋盖设计中的桁架和网架设计要点[J].中国建筑金属结构,2021
(4):60–61.

[26] 花万珍.理查德·巴克敏斯特·富勒:20世纪最前卫的建筑师[J].名家名
作,2021(7):74–75.

[27] 邵杰鹏.基于形态构成组合式的建筑空间设计[J].建筑结构,2021,51(16):
155.

[28] 梁艳,何畏,唐茂林.桥梁美学2020年度研究进展[J].土木与环境工程学
报(中英文),2021,43(S1):234–241.

[29] 白咏儿.中山大学广州校区南校园体育馆设计分析[J].广东建材,2021,
37(12):42–44.

[30] 张长文,宋聚生,程文.设计抑或找寻?——南方科技大学体育馆设计理
念分析[J].建筑学报,2021(11):78–83.

[31] 陈加.超高层塔楼中建筑美学与结构力学相辅相成的设计探讨[J].广东
土木与建筑,2021,28(11):16–19.

[32] 张卫东.共享文化视角下的体育馆设计与规划[J].建筑结构,2021,51(20):
171.

[33] 孙明宇.断裂·整合——当代大跨建筑结构形态的美学逻辑[J].城市建筑,
2021,18(16):144–148.

[34] 刘伟,刘明.结构成就建筑之美——拱结构在当代公共建筑空间塑造中的
运用[J].工业建筑,2021,51(2):7–11.

[35] 金箱温春,刘晓茜.从纯结构设计到自然结构设计[J].建筑技艺,2020,26
(11):34–39.

[36] 林晓宇.广西文化艺术中心结构设计[J].建筑结构,2020,50(18):63–68.

[37] 陈宇军,段春姣,盖珊珊,等.石家庄国际展览中心双向悬索结构参数化设
计[J].建筑结构,2020,50(12):28–34.

[38] 王玲.剧院建筑结构设计要点探析[J].安徽建筑,2020,27(4):58–60.

[39] 岳黎平,朱颜怡,任毓琳,等.冰雪建筑设计与建造方法研究——以2019国

际冰雪创新设计与建造大赛作品为例 [J]. 城市建筑,2020,17(7):119-124.

[40] 洪哲. 厦门某市民体育中心综合馆结构设计 [J]. 福建建筑,2020(3):67-72.

[41] 陈方,陈寅,廖耘. 珠海横琴国际交易广场复杂连体结构创新设计 [J]. 建筑结构,2020,50(4):118-123.

[42] 张爵扬,张相勇,陈华周,等. 石家庄国际会展中心双向悬索结构整体稳定性分析 [J]. 建筑结构学报,2020,41(3):156-162.

[43] 童乔慧,包亮玉,刘天卉,等. 多元探索与结构创新——埃罗·沙里宁建筑思想及其设计作品分析 [J]. 建筑师,2020(3):77-84.

[44] 徐雅婧,张保安. 结构主义思潮下的代代木体育馆 [J]. 绿色环保建材,2020(3):84,87.

[45] 孙玉莲,张玉平,汲生虎,等. 如何实现桥梁建筑景观美学与使用功能的统一——以重庆市东水门长江大桥为例 [J]. 建筑与文化,2020(12):106-107.

[46] 路宁. 桥梁设计与环境协调的美学探究 [J]. 运输经理世界,2020(13):81-82.

[47] 鹿健,周珂,曹妍,等. 桥梁设计中的美学应用分析 [J]. 安徽建筑,2020,27(10):138-139.

[48] 张振中. 形态主导下的体育类建筑设计创新与应用 [J]. 建筑经济,2020,41(9):161-162.

[49] 戴雨航. 结构的诗意表达——中国科学技术大学高新园区体育馆设计 [J]. 城市建筑,2020,17(19):191-194.

[50] 宋福春,李光宇,李正坤,等. 结合衍生式设计与桥梁美学在桥梁设计中的应用 [J]. 北方交通,2020(3):15-18,23.

[51] 刘德宝,张红星. 中国桥梁美学研究的思考 [J]. 市政技术,2020,38(2):71-74,80.

[52] 宋福春,翟雪松. 城市人行天桥美学设计 [J]. 北方交通,2020(2):31-33.

[53] 王健. 城市桥梁景观美学的思考和实践 [J]. 门窗,2019(22):294.

[54] 张扬. 桥梁美学在东江大桥的实践 [J]. 建材与装饰,2019(20):249-250.

[55] 李力.关于桥梁美学设计的认识与探究 [J].西部皮革,2019,41(12):47.

[56] 金雅庆,王禹霖.简析建筑结构形式中的建筑美学——以耶鲁大学冰球馆为例 [J].北方建筑,2019,4(2):39-41.

[57] 陈晓光.北京建筑大学新校区体育馆设计——从思想到建筑的"流动" [J].新建筑,2019(2):54-57.

[58] 张向炜,吴家辉,陈晓卫.天津大学新校区综合体育馆设计探究 [J].工业建筑,2019,49(3):81-85.

[59] 宋福春,王厚宇,马梓乔.基于地域文化的景观桥梁美学设计 [J].公路,2019,64(3):182-186.

[60] 孙竹青,余彦睿.设计力的表达——解读中山大学珠海校区体育馆设计 [J].新建筑,2019(1):144-148.

[61] 郭剑飞,庄程宇,刘秀宏.悬索结构在大跨度建筑中的应用技巧探讨 [J].建筑与文化,2018(4):110-112.

[62] 胡艺潇.从形态构成到形态生成——关于《建筑形态构成》的课程思考 [J].中外建筑,2018(10):76-79.

[63] 张玲玲,杨绍亮.弗雷·奥托与大跨度柔性结构建筑 [J].建筑师,2018(5):83-90.

[64] 杨绍亮,张玲玲.基于数字技术的大跨度柔性结构建筑设计新途径——以膜结构为例 [J].新建筑,2018(4):9-13.

[65] 周舟,周姣姣.基于技术美学的建筑技术特征研究——以高技派建筑为例 [J].中外建筑,2018(8):25-26.

[66] 孟源.建筑结构选型及实例分析 [J].建材与装饰,2018(28):118.

[67] 高盛.结构美学视角下的建筑艺术表现力探究 [J].中外建筑,2018(6):43-44.

[68] 吴延辉.仿生理念在桥梁设计中的应用探析 [J].城市道桥与防洪,2018(5):152-154,17.

[69] 邓文中.桥梁形态与美学 [J].Engineering,2018,4(2):221-242.

[70] 王国彬."美学四性"桥梁设计策略探究——以北京城市副中心北关大道

跨北运河大桥为例 [J]. 艺术教育, 2018(4) : 78–80.

[71] 钱锋, 余中奇, 汤朔宁. 钢木混合张弦壳体结构游泳馆实践——上海崇明体育训练基地游泳馆设计 [J]. 建筑学报, 2017(11) : 40–43.

[72] 朱江, 曹发恒, 花炳灿, 等. 大同大剧院异形混凝土壳体结构设计 [J]. 建筑结构, 2017, 47(7) : 14–19.

[73] 于晓莎, 韩仁峰. 哥特式建筑美学鉴赏 [J]. 山西建筑, 2017, 43(30) : 29–30.

[74] 郝婧丽. 节奏和韵律在桥梁美学设计中的应用初探 [J]. 山西建筑, 2017, 43(29) : 159–160.

[75] 马志超, 宋东升. 探讨大跨度建筑结构形式与设计 [J]. 居业, 2017(6) : 51–52.

[76] 陈晓光. 寻找设计结果的必然性——北京建筑大学体育馆设计与思考 [J]. 建筑技艺, 2017(1) : 112–115.

[77] 孙明宇, 刘德明. 技术与艺术的数字整合——大跨建筑非线性结构形态表现研究 [J]. 建筑学报, 2016(S1) : 51–55.

[78] 苏朝浩, 林康强, 冒亚龙. 力与形的数字建构与调度——基于海帕壳体结构力学机制与建筑参数化设计之协同 [J]. 新建筑, 2016(4) : 100–104.

[79] 苏朝浩, 林康强, 王帆. 壳体结构形态的量化重构——基于建筑参数化设计技术与结构力学的协同机制 [J]. 南方建筑, 2016(2) : 119–124.

[80] 孙轶男, 郝晓赛. 浅析悉尼歌剧院壳体结构与中国传统建筑渊源 [J]. 建筑与文化, 2016(4) : 232–233.

[81] 王新, 刘飞. 技术与功能的合———代代木国立综合体育馆 [J]. 建筑与文化, 2016(10) : 68–73.

[82] 李兴钢. 作为 "介质" 的结构——天津大学新校区综合体育馆设计 [J]. 建筑学报, 2016(12) : 62–65.

[83] 刘高旺. "三馆合一" 的体育综合体——缅甸国家体育馆设计 [J]. 工程建设与设计, 2016(17) : 55–58.

[84] 应一帆. 建筑美学的内涵诠释及全维度审视 [J]. 中外建筑, 2016(11) : 37–41.

[85] 池卓航. 桥梁设计的美学因素 [J]. 智能城市, 2016, 2(8) : 266.

[86] 邹征敏, 何飞平. 某体育馆大跨度结构设计分析 [J]. 广东土木与建筑,

2016,23(Z1):15–17.

[87] 朱万斌.复合功能高校体育馆设计实践——以湖南工程学院体育馆设计为例[J].华中建筑,2016,34(6):80–84.

[88] 宋发兵.跨度空间结构研究[J].住宅与房地产,2016(15):200.

[89] 陈雄.大跨度建筑的形态与空间建构——以机场航站楼与体育场馆为例[J].建筑技艺,2016(2):26–33.

[90] 李浩.大跨度建筑结构表现的建构研究[J].建材与装饰,2016(5):119–120.

[91] 韩冬青,韩雨晨,黄瑞,等.从克雷兹的两个设计作品看建筑形态与结构形态的交互性[J].建筑师,2015(3):39–44.

[92] 樊强强,覃庆贵.论沙里宁与赖特的有机建筑[J].现代装饰(理论),2015(12):235.

[93] 崔晓玉,黄云峰.浅论圣地亚哥·卡拉特拉瓦建筑结构的美学逻辑[J].四川建筑,2015,35(6):91–93.

[94] 谢明.大跨度建筑结构形式与设计要点分析[J].江西建材,2015(23):37.

[95] 易红艳.浅述形态仿生学在桥梁造型设计上的应用[J].西部交通科技,2015(11):59–63.

[96] 马令勇,李洁馨.悬索结构建筑及其形式美建构原则初探[J].赤峰学院学报(自然科学版),2015,31(8):61–64.

[97] 赵阳.建筑之美:本质和表象[J].广西城镇建设,2015(1):16–23.

[98] 沈世钊,武岳.结构形态学与现代空间结构[J].建筑结构报,2014,35(4):1–10.

[99] 崔昌禹,崔国勇,姜宝石.自由曲面混凝土壳体结构静力试验研究[J].建筑结构学报,2014,35(11):77–84.

[100] 龙灏,陈朝晖.埃菲尔和汗的遗产与启示——从埃菲尔铁塔到上海中心大厦[J].建筑师,2014(4):64–81.

[101] 沈世钊,武岳.结构形态学与现代空间结构[J].建筑结构学报,2014,35(4):1–10.

[102] 张杰,孙建光.桥梁美学设计方法探讨[J].公路交通技术,2014(1):150–153.

[103] 巴西 UFCSPA 校园体育馆设计方案确定[J].钢结构,2014,29(12):102–103.

[104] 张燕霞.大跨度结构在建筑设计中的应用[J].黑龙江科技信息,2014(31):226.

[105] 杨波.某大跨度建筑结构设计探讨[J].福建建材,2014(9):42–43.

[106] 李钢,韩立宁.对大跨度建筑结构形式的设计研究[J].门窗,2014(7):245.

[107] 赵宇.论大跨度建筑结构形式与设计[J].山西建筑,2014,40(20):61–62.

[108] 熊祥瑞,何培玲,朱万林,等.大跨度建筑开合屋顶形式设计研究[J].建筑技术,2014,45(6):548–550.

[109] 郁坤.大跨度建筑结构的形式与设计研究[J].科技与企业,2014(9):244.

[110] 汪江华.形式—结构美学与现代建筑[J].西部人居环境学刊,2014,29(2):78–83.

[111] 于向春.膜结构在大跨度建筑上的运用[J].中外企业家,2014(9):212.

[112] 郭屹民.传统再现的技术途径日本的建筑形态与结构设计的关系及脉络[J].时代建筑,2013(5):16–25.

[113] 江彦廷.中国高速铁路桥梁景观[J].低碳世界,2013(22):145–147.

[114] 李建华,张龙,黄锦源.浅谈结构仿生在大跨度建筑中的应用分析[J].科技信息,2013(23):220,274.

[115] 孙茹洁,张天娇.轻型易变结构——膜结构[J].中外建筑,2013(3):90–92.

[116] 顾磊,郭清江,武芳.斜拉型悬索结构形式与受力特性研究[J].建筑结构学报,2012,33(5):79–86.

[117] 何隽.解析建筑设计中的结构美[J].艺术百家,2012,28(6):271–272.

[118] 唐文胜.大跨度建筑形态塑造中的构造实现及结构逻辑[J].建筑技艺,2012(5):144–149.

[119] 辛红军.大跨度建筑结构形态的形式美探析[J].科技资讯,2012(10):70.

[120] ChristianGahl.2011年深圳世界大学生运动会体育中心[J].建筑学报,2011(9):50–59.

[121] 代富红,杜佳.大跨度建筑方案创作中的结构表现手法研究[J].山西建筑,2011,37(24):1–2.

[122] 王若南.大跨度建筑的空间形态与结构技术[J].中华建设,2011(11):140–141.

[123] 匡子佑.大跨度空间桁架体育馆设计方法[J].福建建筑,2011(10):32–35.

[124] 谢浩.建筑设计中的结构美学思考[J].江苏建材,2011(2):51–53.

[125] 周小溪.浅析桥梁景观线形设计中的美学[J].中国市政工程,2011(3):79–82,91.

[126] 张宇峰.大跨度钢结构应用及其设计要点探讨[J].中华民居,2011(6):60–61.

[127] 廖昕.创意与理性的思考——天津大学体育馆设计[J].建筑学报,2011(3):66–67.

[128] 董宇,史立刚,刘德明.大空间公共建筑结构形态的美学转型[J].华中建筑,2010,28(10):7–9.

[129] 滕玉军.桥梁景观设计与效果[J].山东交通科技,2010(2):63–65.

[130] 徐洪涛.当代大跨度建筑创作中的多元化思维浅析[J].住宅科技,2010,30(4):9–13.

[131] 陈蛟,赵诗佳.建筑结构与美学[J].科学大众(科学教育),2010(4):132.

[132] 梁志强.大跨度建筑结构形态的形式美研究[J].科技信息,2010(11):718,722.

[133] 徐向波,郭宝聚,陆可人.悬挂建筑——一种新的绿色形态[J].建筑节能,2009,37(3):53–55.

[134] 巴克敏斯特富勒体(1985年)[J].科学大众(中学版),2009(11):13.

[135] 何隽.论建筑结构形态的美学表现[J].美与时代(上半月),2009(12):78–80.

[136] 朱以刚,王琦.简述大空间结构体系[J].民营科技,2009(11):179.

[137] 潘海军,吴远翔.大跨度建筑结构形态的审美表现[J].低温建筑技术,2009,31(10):23-24.

[138] 张颖.灵感从自然中来——仿生建筑结构美学[J].中外建筑,2009(8):49-51.

[139] 崔琳琳,潘宇鑫.膜材料在大跨度结构中的应用[J].科技风,2009(12):128.

[140] 王巍.怪才——巴克敏斯特·富勒[J].世界科学,2008(9):43-46.

[141] 程云杉,戴航.最柔的奥运建筑——弗赖·奥托与慕尼黑奥林匹克中心屋顶[J].建筑师,2008(3):74-80.

[142] 郑晓明.膜材建筑的应用与发展[J].建筑技术开发,2008,35(12):3-5,17.

[143] 李伟.结构的意义——对卡拉特拉瓦建筑结构形态的解析[J].建筑师,2008(4):81-89.

[144] 刘超,黄呈伟,张德利.某张拉膜结构实例[J].福建建筑,2008(4):22-25.

[145] 杨航卓.看"桥都"的桥梁景观[J].公路交通技术,2008(6):147-152.

[146] 林圣钧,刘永棵.拱桥建筑造型的美学研究[J].公路交通技术,2008(S2):74-75,88.

[147] 陈科舟.自然中的结构和路径——"谭延恺墓"解析[J].建筑师,2008(4):58-66.

[148] 刘知已.膜结构体育建筑空间的美学要义[J].山西建筑,2008(21):27-28.

[149] 郭彤,李爱群,王浩.基于牛顿—拉普森迭代和零阶优化算法的悬索结构找形研究[J].工程力学,2007(4):142-146,158.

[150] 蔡军,张健.创造新世界——1958年布鲁塞尔世博会建筑设计特点研究[J].华中建筑,2007(4):19-21.

[151] 牛牧.2012伦敦奥运会现有场馆及改造场馆简介[J].城市建筑,2007(11):87-88.

[152] 唐洪刚,刘超,陈美科.高校体育馆设计应体现功能多样化——以贵州

大学蔡家关校区体育馆建筑设计为例[J].贵州工业大学学报(社会科学版),2007(5):190-191,194.

[153] 屈峰.析体育建筑的美学与结构规律[J].中外建筑,2007(3):49-54.

[154] 林师弘,唐丽.新表现主义与埃罗沙里宁[J].南方建筑,2006(12):99-102.

[155] 刘开国.超大跨度网络拱结构的分析[J].空间结构,2006(1):3-5,11.

[156] 何大学.桥梁美学在桥梁选型中的应用[J].城市道桥与防洪,2006(2):3-5,149.

[157] 张敏.建筑结构的美学探讨[J].甘肃科技,2005(10):192-193,111.

[158] 王晓清.关于空间大跨度建筑的现状及发展[J].低温建筑技术,2005(3):22-23.

[159] 陈丹华,刘建村.桥梁结构的力学和美学关系探讨[J].科技情报开发与经济,2005(4):198-199.

[160] 李晋,王扬.大空间张拉膜结构建筑的形态构造技巧[J].新建筑,2004(6):85-87.

[161] 恰洛德·费耶尔,彼得·费耶尔,许美琪.1945年到1950年:重构和理性主义(续)[J].家具,2004(4):52-56.

[162] 王小盾.创新性建筑源于勤奋思考和实践创作——记川口卫及其设计事务所[J].城市建筑,2004(2):74-76.

[163] 许秀平,彭卫.桥梁建筑美学特征与结构设计[J].金华职业技术学院学报,2004(3):29-32.

[164] 廖杰.体育建筑的多元思考——谈南京奥体中心体育馆设计[J].建筑与文化,2004(7):36-41.

[165] 张利.结构工程师的美学意识[J].山西建筑,2004(9):1-2.

[166] 张勇,梁隐之.某大型教学楼屋面网架结构设计[J].广东土木与建筑,2003(11):38-39.

[167] 石孟良,陈强.以解析启动建构的建筑设计教学[J].高等建筑教育,2003(4):32-35.

[168] 梅季魁.奥运建筑与结构.建筑学报.2003(2):21-22.

[169] 卓新,董石麟.基于仿生学的空间结构形体设计[J].空间结构,2003(3):3-5.

[170] 罗鹏,陆诗亮,梅季魁.复合型体育馆设计实践探索——广东惠州体育馆设计[J].新建筑,2003(2):46-48.

[171] 牛润明,张耀辉.桥梁设计的美学考虑[J].东北公路,2003(1):90-92.

[172] 盛勇,刘健新.桥梁景观评价中的差异调查与对策[J].长安大学学报(自然科学版),2003(1):49-50,53.

[173] 姚亚雄.建筑创作中的结构表现[J].建筑创作,2002(7):28-33.

[174] 谢劲松,王小凡.建筑的地域性人文特征及其结构技术表现[J].中外建筑,2002(3):8-9.

[175] 汪霞,李跃文.千年穹顶——穹顶的过去·现在·未来[J].华中建筑,2002(4):41-44.

[176] 聂凤兰.英国新千年穹顶的设计与施工[J].工程设计CAD与智能建筑,2002(1):78-80.

[177] 常健,邓中美.大跨度建筑的外观形式与结构体系[J].建设科技,2002(11):60-62.

[178] 郭明卓.建筑与环境——广州新体育馆设计的启示[J].建筑学报,2002(3):49-53.

[179] 常健.大跨度建筑的外观形势与结构体系[J].工业建筑,2002(11):93.

[180] 崔晓强,郭彦林,朱忠义.穹顶结构体系[J].空间结构,2001(1):3-10.

[181] 胡月萍.广州新体育馆设计简介[J].南方建筑,2001(2):41-42.

[182] 张家臣.新北京·新奥运·体育场馆新建筑·(五)创作有特色的体育建筑——谈天津体育馆设计[J].建筑,2001(6):58-59.

[183] 沈世钊.大跨空间结构理论研究和工程实践[J].中国工程科学,2001(3):34-41.

[184] 崔晓强,郭彦林,朱忠义.穹顶结构体系[J].空间结构,2001(1):3-10.

[185] 张凤文,刘锡良.开合屋盖结构的发展及开合机理研究[J].钢结构.2001

(4) : 1-6.

[186] 何韶.探寻可持续发展的奥运建筑 [J].建筑创作,1999(2) :66.

[187] 张莉,张其林,丁佩民.悬索结构初始状态及放样状态的确定分析 [J].同济大学学报(自然科学版),2000(1) :9-13.

[188] 陈晔.格林威治千年穹顶,英国 [J].世界建筑,2000(9) :48-51.

[189] 郭明卓,胡妙杰.以人为本回归自然——广州新体育馆设计简介 [J].建筑知识,2000(6) :3-4.

[190] 向锦武,罗绍湘,陈鸿天.悬索结构振动分析的悬链线索元法 [J].工程力学,1999(3) :130-134,43.

[191] 王崇杰,蓝静.向 P·L 奈尔维学习结构构思——纪念 P·L 奈尔维逝世二十周年 [J].华中建筑,1999(3) :40-42.

[192] 胡世德.北京大跨度建筑的发展与展望 [J].建筑技术,1999(10) :21-24.

[193] 姚亚雄.空间结构形态与建筑的统一 [J].空间结构,1998(3) :56-57.

[194] 王仕统.大跨度空间界结构的进展 [J].华南理工大学学报,1996(10) :56-58.

[195] 刘锡良.一种新型空间结构体系一张拉整体体系 [J].土木工程学报,1995(8) :25-27.

[196] 严慧."杂交"结构体系的运用与发展 [J].工业建筑,1994(6) :25-26.

[197] 姚亚雄,梅季魁.空间结构形态与建筑的统一 [J].空间结构,1998(3) :3-10.

[198] 周卫华.弗赖·奥托与轻质结构 [J].世界建筑,1998(4) :61-64.

[199] 王昭全.塑造个性,旨在求新——马鞍山体育馆设计 [J].安徽建筑,1998(6) :86-87.

[200] 向阳,沈世钊.悬索结构的初始形状确定分析 [J].哈尔滨建筑大学学报,1997(3) :29-33.

[201] 陆赐麟,叶于,王留.从结构体系的发展趋向谈空间结构的美学特征 [J].空间结构,1997(3) :13-21.

[202] 郭志恭,郭薇薇.建筑结构设计的美学原则 [J].建筑结构,1997(1) :50-

53.

[203] 那向谦.张拉膜结构体系的应用与发展 [J].世界建筑,1996(3):66-69.

[204] 韩森.过程与创作——江宁体育馆设计 [J].华中建筑,1996(3):23-25.

[205] 刘慧一.桥梁美学设计综述 [J].国外公路,1995(5):34-39.

[206] 沈世钊.中国悬索结构的发展 [J].工业建筑,1994(6):3-9.

[207] 王猛.70m 跨钢网架高空整体滑移法施工 [J].施工技术,1994(6):15-16.

[208] 吕猷射.上海国际购物中心预应力和非预应力螺栓球(环)节点组合网架 [J].建筑结构,1992(3):51.

[209] 蓝天,郭璐.膜结构在大跨度建筑中的应用 [J].建筑结构,1992(6):37-42.

[210] 邹广天.五十年代日本大跨度建筑 [J].世界建筑,1989(4):57-59.

[211] 肖世荣.钢筋混凝土诗人——皮埃尔·鲁基·奈尔维 [J].世界建筑,1981(5):72-83.

学位论文

[1] 覃麒睿.深圳市福田中心区建筑公共开放空间可持续设计导控策略研究 [D].广州:华南理工大学,2020.

[2] 任道怡.深圳湾大街建筑公共开放空间共享整合策略研究 [D].广州:华南理工大学,2020.

[3] 李旭丽.深圳城市公共文化设施配置评价研究 [D].大连:大连理工大学,2020.

[4] 吴嘉琦."多馆合一"形态的城市文化(艺术)中心设计研究 [D].南京:南京工业大学,2020.

[5] 张震.中小型公共文化建筑的群构形态构成研究 [D].长沙:湖南大学,2020.

[6] 林昭涣.深圳市文化中心设计研究 [D].深圳:深圳大学,2019.

[7] 刘子玉.深圳市观演建筑演变探析 [D].深圳:深圳大学,2019.

[8] 马影.深圳文化综合体建筑的集约化设计研究 [D].深圳:深圳大学,2019.

[9] 郑雨姗. 快速发展大城市地区城市意象研究 [D]. 深圳:深圳大学,2019.

[10] 王玮. 面向攀达穹顶的负载铰接杆系机构运动学理论研究 [D]. 杭州:浙江大学,2018.

[11] 吴佳. 复合型城市核心区的城市运营样本分析及相关影响要素初探 [D]. 深圳:深圳大学,2017.

[12] 姚琪. 仿生建筑结构合理性及节能性研究 [D]. 西安:西安科技大学,2017.

[13] 吴丹秋. 巴克敏斯特·富勒设计批评思想研究 [D]. 南京:南京艺术学院,2016.

[14] 张媛媛. 基于分形理论的空间树状结构形态创构研究 [D]. 哈尔滨:哈尔滨工业大学,2015.

[15] 王耀超."后国家大剧院"时期中国当代建筑创作研究 [D]. 济南:山东建筑大学,2014.

[16] 王凌. 文化娱乐设施集聚区建设研究 [D]. 广州:华南理工大学,2014.

[17] 胡子楠. 诗意制作 [D]. 天津:天津大学,2013.

[18] 张宇星. 铁路客运站结构形态的艺术性表达 [D]. 北京:北京交通大学,2011.

[19] 覃文丽. 重庆市大型聚居区公共服务设施规划研究 [D]. 重庆:重庆大学,2011.

[20] 高阳. 空间拱—壳杂交钢结构的稳定性研究 [D]. 北京:清华大学,2011.

[21] 张宇星. 铁路客运站结构形态的艺术性表达 [D]. 北京:北京交通大学,2011.

[22] 连旭. 大跨体育建筑有效地域文本研究 [D]. 哈尔滨:哈尔滨工业大学,2010.

[23] 戴威. 基于形态学的大跨度城市公共建筑形态设计研究 [D]. 重庆:重庆大学,2010.

[24] 张东坡. 大跨攀达穹顶建筑表现及应用研究 [D]. 哈尔滨:哈尔滨工业大学,2010.

[25] 姜利勇. 高层建筑文化特质及设计创意研究 [D]. 重庆:重庆大学,2009.

[26] 鲍英华. 意境文化传承下的建筑空白研究 [D]. 哈尔滨:哈尔滨工业大学,

2009.

[27] 徐洪涛.大跨度建筑结构表现的建构研究[D].上海:同济大学,2008.

[28] 王晓昉.山地体育场空间适应性研究[D].重庆:重庆大学,2008.

[29] 朱周胤.基于建筑创作的结构表现研究[D].重庆:重庆大学,2008.

[30] 盛洁.深圳市中心商业区城市空间形态比较研究[D].哈尔滨:哈尔滨工业
     大学,2008.

[31] 王莉英.结构仿生建筑的形体生成及空间特征研究[D].重庆:重庆大学,
     2008.

[32] 徐洪涛.大跨度建筑结构表现的建构研究[D].上海:同济大学,2008.

[33] 刘宏伟.大跨建筑混合结构设计研究[D].上海:同济大学,2008.

[34] 王玲.基于结构形态的建筑造型研究[D].重庆:重庆大学,2007.

[35] 孔丹丹.张弦空间结构的理论分析与工程应用[D].上海:同济大学,2007.

[36] 李霞.单层网壳玻璃屋顶建筑创作研究[D].哈尔滨:哈尔滨工业大学,
     2007.

[37] 王玲.基于结构形态的建筑造型研究[D].重庆:重庆大学,2007.

[38] 刘寅辉.当代建筑的技术表现倾向分析[D].天津:天津大学,2007.

[39] 胡仁茂.大空间建筑设计研究[D].上海:同济大学,2006.

[40] 黄丰明.建筑共享空间形态设计分析[D].大连:大连理工大学,2006.

[41] 代富红.大跨度建筑的结构形态与建筑形象塑造[D].重庆:重庆大学,
     2006.

[42] 李林卉.深圳市景观特色审美结构研究[D].武汉:华中科技大学,2006.

[43] 喻雪淞.单层网壳—张拉整体杂交结构静动力性能研究[D].杭州:浙江大
     学,2006.

[44] 刘勇.斜拉悬挂屋盖结构的形态和抗震性能分析[D].杭州:浙江大学,
     2006.

[45] 李学军.体育馆建筑结构概念设计研究[D].北京:北京工业大学,2005.

[46] 任俊超.空间斜拉式预应力索拱结构体系分析计算[D].郑州:郑州大学,
     2004.

[47] 何隽.以结构形态构筑建筑形象的创作方法初探[D].无锡:江南大学,2004.

[48] 邓中美.大跨度建筑的空间形态与结构技术理念探析[D].武汉:武汉理工大学,2003.

[49] 赵植苹.建筑艺术与技术的关联[D].重庆:重庆大学,2001.

[50] 姚亚雄.建筑创作与结构形态[D].哈尔滨:哈尔滨工业大学,1999.